大型泵站机组
典型故障案例分析

ANALYSIS OF TYPICAL FAULT CASES
OF LARGE PUMPING STATION UNITS

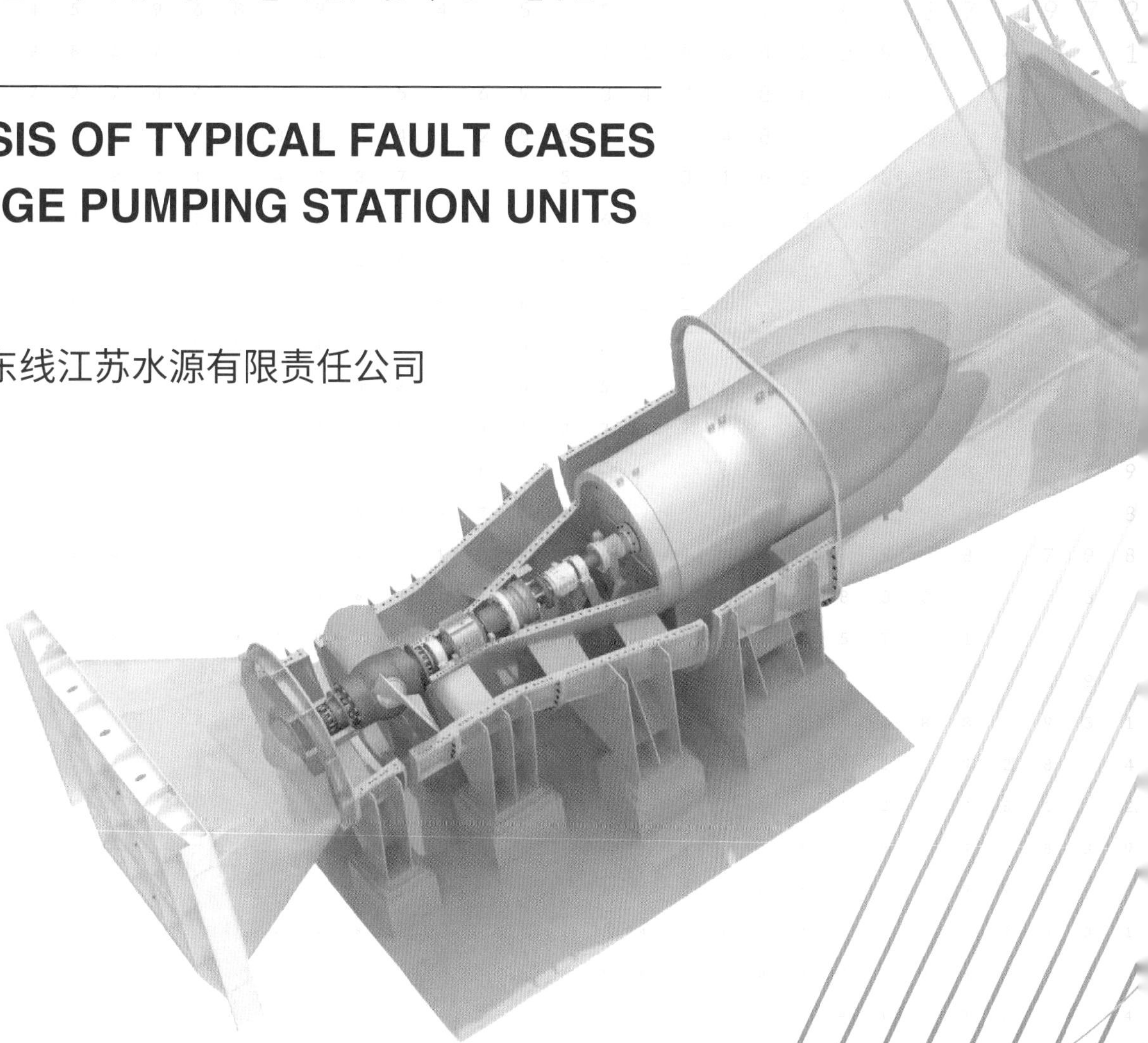

南水北调东线江苏水源有限责任公司
◎ 编著

·南京·

图书在版编目(CIP)数据

大型泵站机组典型故障案例分析 / 南水北调东线江苏水源有限责任公司编著. — 南京：河海大学出版社，2023.9
 ISBN 978-7-5630-7975-9

Ⅰ. ①大… Ⅱ. ①南… Ⅲ. ①泵站－故障－案例 Ⅳ. ①TV675

中国版本图书馆 CIP 数据核字(2022)第 253634 号

书　　名	大型泵站机组典型故障案例分析 DAXING BENGZHAN JIZU DIANXING GUZHANG ANLI FENXI
书　　号	ISBN 978-7-5630-7975-9
责任编辑	彭志诚
文字编辑	左　券
特约校对	薛艳萍
装帧设计	林云松风
出版发行	河海大学出版社
地　　址	南京市西康路 1 号(邮编：210098)
电　　话	(025)83737852(总编室)　(025)83722833(营销部)
经　　销	江苏省新华发行集团有限公司
排　　版	南京布克文化发展有限公司
印　　刷	南京迅驰彩色印刷有限公司
开　　本	880 毫米×1194 毫米　1/16
印　　张	10
字　　数	310 千字
版　　次	2023 年 9 月第 1 版
印　　次	2023 年 9 月第 1 次印刷
定　　价	98.00 元

编写委员会

主　　编　　李松柏
副 主 编　　成　立　　王亦斌　　沈昌荣　　孙　涛
编写人员　　罗　灿　　贾　璐　　雷帅浩　　乔凤权　　孙　毅
　　　　　　吴丹华　　祁　洁　　卞新盛　　杨红辉　　周晨露
　　　　　　杜　威　　倪　春　　简　丹　　张俊豪　　吴利明
　　　　　　荐　威　　杜鹏程　　焦伟轩　　张卫东　　王晓森
　　　　　　王怡波　　吴志峰　　王希晨　　花培舒　　张驰俊
　　　　　　王国美　　王　义　　刘佳佳　　纪　恒　　鲁　健
　　　　　　于贤磊　　范林皓　　栾佳文

序

"广陵今朝引水去,一十三级至京畿。四横三纵筑国网,水韵中华践大计。"南水北调工程构想始于 1952 年毛泽东主席视察黄河,东线一期工程于 2002 年 12 月 27 日正式开工,并于 2013 年 11 月 15 日正式通水,建成了亚洲乃至世界最大规模的现代化泵站群。经过近十年的运行,发挥了十分巨大的综合效益,为国家经济建设、社会建设、生态文明建设的发展作出了不可磨灭的贡献!

《大型泵站机组典型故障案例分析》一书是推动现代化大型泵站高质量发展的重要参考。泵站故障案例的及时分析和总结,是防止和杜绝同类泵站再次发生相同故障的重要举措。

"前事不忘后事之师",是本书的理念和座右铭。本书针对立式轴流泵站、立式混流泵站、立式双向流道泵站、灯泡贯流泵站、竖井贯流泵站、斜轴伸式泵站和卧式双吸离心泵站等 7 种类型大型泵站,从制造、安装、运维等多个维度系统总结大型泵站的主机组、电气设备、金属结构、辅助设备和自动化等方面的典型故障形成原因、事故故障处理和故障预防性措施,为未来泵站状态检修、故障诊断提供重要的技术性指导。

本书是南水北调东线江苏水源有限责任公司联合扬州大学水利科学与工程学院历时 3 年多编制而成,对以南水北调东线一期泵站工程为典型代表的多座大型泵站历史故障资料进行了认真细致地收集、梳理、分析和总结,同时融合了大型泵站的专业知识,对于大型泵站的安全稳定运行具有重要意义。

本书特色鲜明,表达形式多样,共性与个性结合,图文并茂,逻辑性强,既是专家和学者共同智慧的结晶,也是校企产学研实践的典范。本书可以作为大型泵站设计、建设和运行检修的参考书,也可以作为水利水电工程专业教材样本书,是本通俗易懂、有指导意义和应用价值的工具书和学习材料。衷心希望大家求真务实,追求卓越,以"不觉悟,不知苦"的气魄,常思常警,预防故障发生,为祖国水利专业和南水北调工程高质量发展做出贡献。

谨此为序。

编者按

南水北调工程是党和国家决策兴建的战略性基础设施。南水北调东线一期江苏境内工程自2013年正式通水以来,已圆满完成10个年度省外调水任务,累计调水出省超66亿 m³,相当于2个洪泽湖的常年蓄水量,有效缓解了北方水资源短缺问题。2022年通过北延调水助力京杭大运河百年来首次全线贯通,有力改善北方地区生态环境。在服从国家水资源战略配置的同时,积极服务江苏省经济社会发展,连续9年投入省内抗旱、排涝运行,累计抽水约143亿 m³,排泄不牢河沿线和徐州地区洪水超60亿 m³,为苏中苏北地区人民生命财产安全、经济社会发展提供重要支撑和保障,在保障供水、防洪排涝、生态修复等方面发挥了显著的工程效益。

南水北调东线一期江苏境内工程以泵站群为特色,保障泵站工程安全运行意义重大。2017年,编者作为南水北调东线江苏有源有限责任公司(以下简称"水源公司")职能部门主管负责人时,针对工程运行实际,研究提出"安全第一、问题导向、合规管理、标准提升"的工程管理工作思路,认真组织梳理泵站工程运行存在问题,建立台账,形成手册,这也是本书的一个雏形。同时邀请问泽杭、汤正军等省内大型泵站专家对手册进行审阅,他们都认为运行问题梳理是一项很有意义的工作,对后续工程运行管理具有很强的实践意义,希望水源公司能够利用南水北调大型泵站群平台把这项研究继续深入的开展下去。

2020年,在江苏省水利厅科技主管部门的关心指导下,"南水北调江苏段泵站运行故障分析系统研究与应用"课题立项,由水源公司和扬州大学共同承担。课题组累计开展18批次调研,以南水北调东线一期新建泵站为主体,并组织到北京、山东、河南、湖北、浙江、新疆等地,涵盖南水北调江苏境内18座大型泵站、江水北调泵站工程、中线泵站工程以及部分典型泵站,尽最大努力走访调研,搜集相关资料。于南京、扬州、江都等地邀请各类专家近50人次召开7次专家咨询研讨会,征求意见和建议。2022年12月8日,课题通过江苏省水利厅验收组验收。在课题研究基础上,先后又易稿12次,最终形成了本书。

《大型泵站机组典型故障案例分析》全书共分为六个章节,第一章简要介绍了大型泵站的基本组成、泵站检修的基本概念以及故障与事故的定义。第二章系统介绍了泵站主机组的故障及排除方法,主要包括主水泵、主电动机和齿轮箱及其叶片调节机构、轴承等设备。第三章详细介绍了泵站电气设备的故障及排除方法,主要包括变压器、GIS组合电器、高低压设备、励磁装置、直流系统、变频装置、无功补偿装置、继电保护等设备。第四章重点介绍了泵站辅助设备的故障及排除方法,主要包括水系统、气系统以及油系统。第五章具体介绍了泵站金属结构的故障及排除方法,主要包括拦污栅、清污机、闸门以及液压启闭机等设备。第六章具体介绍了泵站自动化系统的故障及排除方法,主要包括计算机监控系统、视频监视系统以及自动化系统。

在项目调研及书稿写作过程中,我们得到了江苏省水利厅、江苏省南水北调办公室等单位诸多领导及相关专家学者的大力支持,特别是雍成林、问泽杭、戴启璠、朱正伟、仇宝云、葛强、储训、张仁田、蒋涛、唐鸿儒、魏强林、许永平等专家全程提供帮助,他们根据各自业务范围,协助调研并积极提供详实书稿素材,书中的部分观点也来自他们在泵站工程运行过程中的亲身经历与感悟。

2023年是南水北调东线工程通水运行的10周年,也是加快推进南水北调后续工程高质量发展、加快构建国家水网的关键之年。编写本书旨在回顾总结南水北调江苏境内泵站工程以及行业内典型泵站的故障案例,凝练成熟的故障处理措施,提出科学的故障预防建议,为推进南水北调后续工程建设运行提供经验借鉴和参考。

本书编写过程中参考了大量相关资料和文献。在此,对为本书出版而付出的专家、学者们表示衷心感谢。由于本书材料众多、繁杂,有些数据随时间在变化,因此书中难免有疏漏之处,敬请各位读者斧正。

目 录

第一章　大型泵站简介 ··· 001
第一节　泵站建筑物 ··· 001
　　一、进出水流道 ··· 001
　　二、主泵房 ··· 001
　　三、变电所 ··· 002
第二节　泵站设备 ·· 002
　　一、主机组 ··· 002
　　二、电气设备 ··· 003
　　三、辅助设备 ··· 004
　　四、金属结构 ··· 005
　　五、自动化系统 ··· 006
第三节　泵站检修 ·· 006
　　一、检修的概念 ··· 006
　　二、机组大修周期 ··· 006
　　三、定期检查及修理 ·· 007
第四节　泵站故障与事故 ··· 008
　　一、故障与事故的定义 ··· 008
　　二、大型泵站故障性质分类和占比 ··· 008

第二章　泵站主机组 ·· 009
第一节　主水泵故障及排除方法 ··· 009
　　一、主水泵简介 ··· 009
　　二、主水泵故障排除方法实例 ·· 012
　　三、主水泵典型故障案例分析 ·· 014
　　四、主水泵故障预防措施 ·· 016
第二节　主电动机故障及排除方法 ·· 017
　　一、主电动机简介 ··· 017
　　二、主电动机故障排除方法实例 ··· 018
　　三、主电动机典型故障案例分析 ··· 020
　　四、主电动机故障预防措施 ··· 022
第三节　叶片调节机构故障及排除方法 ·· 024

  一、叶片调节机构简介 ··· 024
  二、叶片调节机构故障排除方法实例 ··························· 025
  三、叶片调节机构典型故障案例分析 ··························· 026
  四、叶片调节机构故障预防措施 ································· 030
 第四节 轴承故障及排除方法 ··· 031
  一、轴承简介 ·· 031
  二、轴承故障排除方法实例 ······································ 033
  三、轴承典型故障案例分析 ······································ 036
  四、轴承故障预防措施 ··· 039
 第五节 齿轮箱故障及排除方法 ··· 042
  一、齿轮箱简介 ··· 042
  二、齿轮箱故障排除方法实例 ··································· 042
  三、齿轮箱故障案例分析 ·· 043
  四、齿轮箱故障预防措施 ·· 043

第三章 泵站电气设备 ··· 044
 第一节 变压器故障及排除方法 ··· 044
  一、变压器简介 ··· 044
  二、变压器故障排除方法实例 ··································· 044
  三、变压器典型故障案例分析 ··································· 051
  四、变压器故障预防措施 ·· 065
 第二节 GIS组合电器故障及排除方法 ································ 066
  一、GIS组合电器简介 ·· 066
  二、GIS组合电器故障排除方法实例 ·························· 066
  三、GIS组合电器典型故障案例分析 ·························· 068
  四、GIS组合电器故障预防措施 ································ 072
 第三节 高低压设备故障及排除方法 ··································· 073
  一、高低压设备简介 ··· 073
  二、高低压设备故障排除方法实例 ····························· 073
  三、高低压设备典型故障案例分析 ····························· 081
  四、高低压设备故障预防措施 ··································· 087
 第四节 励磁装置故障及排除方法 ······································ 088
  一、励磁装置简介 ·· 088
  二、励磁装置故障排除方法实例 ································ 088
  三、励磁装置典型故障案例分析 ································ 092
  四、励磁装置故障预防措施 ······································ 093
 第五节 直流系统故障及排除方法 ······································ 094
  一、直流系统简介 ·· 094
  二、直流系统故障排除方法实例 ································ 094
  三、直流系统故障案例分析 ······································ 095
  四、蓄电池放电试验 ··· 097
 第六节 变频装置故障及排除方法 ······································ 098
  一、变频装置简介 ·· 098

　　　　　二、变频装置故障排除方法实例 …………………………………………… 098
　　　　　三、变频装置故障案例分析 ……………………………………………… 099
　　　　　四、变频装置故障预防措施 ……………………………………………… 101
　　第七节　无功补偿装置故障及排除方法 ………………………………………… 101
　　　　　一、无功补偿装置简介 …………………………………………………… 101
　　　　　二、无功补偿装置故障排除方法实例 …………………………………… 101
　　　　　三、无功补偿装置故障案例分析 ………………………………………… 103
　　　　　四、无功补偿装置故障预防措施 ………………………………………… 105
　　第八节　继电保护及排除方法 …………………………………………………… 106
　　　　　一、继电保护简介 ………………………………………………………… 106
　　　　　二、继电保护故障排除方法实例 ………………………………………… 106
　　　　　三、继电保护典型故障案例分析 ………………………………………… 108

第四章　泵站辅助设备 …………………………………………………………… 112
　　第一节　水系统故障及排除方法 ………………………………………………… 112
　　　　　一、水系统简介 …………………………………………………………… 112
　　　　　二、水系统故障排除方法实例 …………………………………………… 112
　　　　　三、水系统典型故障案例分析 …………………………………………… 113
　　　　　四、水系统故障预防措施 ………………………………………………… 114
　　第二节　气系统故障及排除方法 ………………………………………………… 115
　　　　　一、气系统简介 …………………………………………………………… 115
　　　　　二、气系统故障排除方法实例 …………………………………………… 116
　　　　　三、气系统典型故障案例分析 …………………………………………… 116
　　　　　四、气系统故障预防措施 ………………………………………………… 117
　　第三节　油系统故障及排除方法 ………………………………………………… 118
　　　　　一、油系统简介 …………………………………………………………… 118
　　　　　二、油系统故障排除方法实例 …………………………………………… 118
　　　　　三、油系统典型故障案例分析 …………………………………………… 119
　　　　　四、油系统故障预防措施 ………………………………………………… 120

第五章　泵站金属结构 …………………………………………………………… 122
　　第一节　拦污栅故障及排除方法 ………………………………………………… 122
　　　　　一、拦污栅简介 …………………………………………………………… 122
　　　　　二、拦污栅故障排除方法实例 …………………………………………… 122
　　　　　三、拦污栅典型故障案例分析 …………………………………………… 123
　　　　　四、拦污栅故障预防措施 ………………………………………………… 123
　　第二节　清污机故障及排除方法 ………………………………………………… 123
　　　　　一、清污机简介 …………………………………………………………… 123
　　　　　二、清污机故障排除方法实例 …………………………………………… 124
　　　　　三、清污机典型故障案例分析 …………………………………………… 125
　　　　　四、清污机故障预防措施 ………………………………………………… 126
　　第三节　闸门故障及排除方法 …………………………………………………… 127
　　　　　一、闸门简介 ……………………………………………………………… 127

　　　　二、闸门故障排除方法实例 ·· 128
　　　　三、闸门典型故障案例分析 ·· 129
　　　　四、闸门故障预防措施 ·· 131
　　第四节　液压启闭机故障及排除方法 ·· 132
　　　　一、液压启闭机简介 ·· 132
　　　　二、液压启闭机故障排除方法实例 ·· 132
　　　　三、液压启闭机典型故障案例分析 ·· 132
　　　　四、液压启闭机故障预防措施 ·· 133

第六章　泵站自动化系统 ··· 134
　　第一节　计算机监控系统故障及排除方法 ·· 134
　　　　一、计算机监控系统简介 ·· 134
　　　　二、计算机监控系统故障排除方法实例 ·· 135
　　　　三、计算机监控系统典型故障案例分析 ·· 136
　　第二节　视频监视系统故障及排除方法 ·· 138
　　　　一、视频监视系统简介 ·· 138
　　　　二、视频监视系统故障排除方法实例 ·· 139
　　第三节　自动化系统故障预防措施 ·· 140
　　　　一、工控机故障预防措施 ·· 140
　　　　二、就地控制柜（PLC 柜）故障预防措施 ·· 140
　　　　三、视频系统故障预防措施 ·· 141
　　　　四、LCU 柜（现地控制柜）故障预防措施 ··· 141

参考文献 ··· 143

第一章

大型泵站简介

泵站工程是运用主机组及过流设施传递和转换能量、实现液体输送的水利工程,在现代化建设中担任着重要角色,在保障人民生命财产安全、促进经济发展、改善人民生活和保护生态环境等方面发挥着关键作用。随着经济的发展,我国兴建了大批大型泵站以满足城市防洪、农业排灌、跨流域调水和水环境改善等方面的需求,其规模、数量及类型等皆名列世界之首。本书结合南水北调东线一期工程的大型泵站以及国内其他大型泵站,介绍大型泵站各系统构成、故障情况和处理措施。

第一节　泵站建筑物

一、进出水流道

(一) 进水流道

进水流道是前池与叶轮室之间的过渡段,其作用是使水流在从前池进入叶轮室的过程中更好地转向和加速,以尽量满足叶轮室进口所要求的水力设计条件。

大型泵站常用的进水流道型式有:肘形进水流道、斜式进水流道、钟形进水流道、簸箕形进水流道、直管式进水流道、箱涵式进水流道等。

(二) 出水流道

出水流道是连接水泵导叶出口与出水池的衔接通道,其作用是使水流在从水泵导叶出口流入出水池的过程中更好地转向和扩散,在不发生脱流或旋涡的条件下最大限度地回收动能。

大型泵站常用的出水流道型式有:虹吸式出水流道、直管式出水流道、斜式出水流道等。

二、主泵房

主泵房是泵站建筑物的主体部分,一般包括前池和泵房两部分。

(一) 前池

前池是连接引渠与进水流道的进水建筑物,其作用是保证水流在从引渠流向进水流道的过程中能够平顺地扩散,为进水流道提供良好的流态。前池分为正向进水前池和侧向进水前池两种基本类型。

(二) 泵房

泵房是整个泵站工程的核心建筑物,可分为分基型泵房、干室型泵房、湿室型泵房和块基型泵房。

大型泵站一般采用块基型泵房。以大型立式机组泵站为例,从下至上分为:进水流道层、水泵层、联轴层和电机层。

三、变电所

变电所是改变电力系统电压的场所,用于变换电能的电压,并对电能进行重新分配。大型泵站变电所的电压等级一般为 110 kV、35 kV、10 kV、6 kV 和 0.4 kV。

第二节 泵站设备

一、主机组

泵站的主机组一般包括主水泵、主电动机和齿轮箱及其叶片调节机构、轴承等设备。

(一) 主水泵

水泵的种类很多,大型泵站基本采用叶片泵。叶片泵利用叶片的高速旋转将动力机的机械能转换为液体的能量。按照叶轮旋转时对液体产生的力的不同,可分为离心泵、混流泵和轴流泵 3 种。

(二) 齿轮箱

齿轮箱所采用的齿轮传动是实现能量传递的重要传动形式。对于灯泡贯流式机组、竖井贯流式机组和斜式轴流泵机组而言,电动机所产生的高速力矩必须通过齿轮箱来实现减速、增加力矩。

(三) 主电动机

电动机是把电能转换成机械能的一种设备。根据使用电源的不同,电动机分为直流电动机和交流电动机。在电力系统中,电动机大部分是交流电机,可以分为同步电动机或异步电动机。在大型泵站中,电动机多采用同步电动机。

(四) 叶片调节机构

为了扩大水泵的工作范围,大型水泵(尤其是轴流泵和导叶式混流泵)通常做成叶片全调节,其调节拉杆安装在泵轴中间,通过调节机构带动拉杆上下移动来调节叶片角度。根据控制机构的不同,叶片调节机构分为液压调节和机械调节两类。

(五) 轴承

大型泵站包含立式机组、卧式机组和贯流机组。立式机组的水泵有水润滑轴承、稀油润滑轴承,电动机为稀油润滑轴承。卧式机组和贯流机组的水泵径向轴承有稀油润滑或油脂润滑,推力轴承一般为稀油润滑,电动机径向轴承为稀油润滑或油脂润滑。

以立式机组电动机结构为例,推力轴承一般由推力头、绝缘垫、镜板、推力瓦、抗重螺栓以及上下导轴瓦等组成,其中轴承材料瓦多采用巴氏合金瓦和弹性金属塑料瓦。

二、电气设备

大型泵站常用的电气设备包括变压器、GIS 组合电器、高压开关柜、低压开关柜、励磁装置、直流系统、变频装置、无功补偿装置、电气主接线及二次接线和保护装置等。

(一) 变压器

大型泵站使用的变压器有主变压器和站用变压器两种。主变压器容量大,通常选用油浸式变压器,站用变压器容量小,一般选用干式变压器。

(二) GIS 组合电器

气体绝缘开关设备(GIS,gas insulated substation)是由断路器、母线、隔离开关、电压互感器、电流互感器、避雷器、套管等多种高压电器组合而成的高压配电装置。

GIS 采用绝缘性能和灭弧性能优异的六氟化硫(SF_6)气体作为绝缘和灭弧介质,并将所有的高压电器元件密封在接地金属筒中。

(三) 高压开关柜

高压开关柜是大型泵站中用于接受和分配电能,按一定的接线方案将高压一次、二次设备组合起来的一种成套配电装置。

(四) 低压开关柜

低压开关柜(低压配电柜)是大型泵站中用于接受和分配电能,由低压开关设备以及控制、测量、保护装置、电气联结(母线)、支持件等组成的开关柜。

(五) 励磁装置

励磁装置为同步电动机提供可调励磁电流的装置。励磁装置包括:励磁电源、投励环节、调节和信号以及测量仪表等。

励磁装置与电动机的励磁绕组和连接导线等合称为励磁系统。

(六) 直流系统

泵站直流系统是为电气设备的控制、保护、信号、自动装置、事故照明、应急电源及断路器分闸、合闸操作等提供直流电源的设备。

由于蓄电池组具有电压稳定、持续性好、供电可靠等优点,目前大型泵站普遍采用蓄电池组作为直流电源。

(七) 变频装置

变频装置是利用电力半导体器件的通断作用,将工频电源变换为另一频率的电能控制装置。主机组启动时通过变频装置把电压、频率固定不变的交流电变换成电压、频率可变的交流电,用来降低电动机启动时造成的冲击载荷,控制电动机速度,将启动时间拉长,使电流变平缓,达到安全平稳启动的目的,即电动机的变频起动。

水泵的变频调速是指水泵利用变频装置改变电动机转速后,与电动机连接的水泵转速也跟着改变,水泵性能曲线也同时改变,从而达到改善水泵性能、提高水泵效率以及调节流量的目的。

(八) 无功补偿装置

无功补偿装置在供电系统中的主要作用是提高电网的功率因数,降低供电变压器及输送线路的损耗,提高供电效率,改善供电环境。合理选择补偿装置,可以做到最大限度地减少网络的损耗,使电网质量提高。

(九) 电气主接线及二次接线

电气主接线(一次接线)是指在电力系统中,为满足预定的功率传送和运行等要求而设计的、表明高压电气设备之间相互连接关系的传送电能的电路。二次接线是由二次设备所组成的低压回路,它包括交流电流回路、交流电压回路、断路器控制和信号回路、继电保护回路以及自动装置回路等。

(十) 保护装置

为保证电气设备在运行过程中稳定可靠,必须配备相应的保护装置。继电保护装置是用来对泵站中的变压器、电动机、电容器、母线、输配电线路等主要电气设备进行监视和保护的一种自动装置。

三、辅助设备

大型泵站辅助设备主要由水系统、气系统、油系统和通风与起重设备等组成。

(一) 水系统

泵站的水系统由供水系统和排水系统两个部分组成。

供水系统包括技术供水、消防供水和生活供水系统。供给生产上的用水称作技术供水,主要是供给主机组及其辅助设备的冷却润滑水。技术供水量在全部供水量中所占比例一般可达85%左右。

排水系统包括渗漏排水和检修排水系统。检修排水是指泵站检修时排除进出水流道和廊道内的积水,同时又可排除进水流道检修门和出水管快速门的渗漏水。渗漏排水指排除厂房水工建筑物的渗水,机械设备的漏水等。

(二) 气系统

泵站工程中的气系统包括中压气系统、低压气系统、抽真空系统等。

中压气系统的压力一般为 1.6～10 MPa,主要向水泵叶片调节机构的油压装置充气。

低压气系统的压力一般为 0.6～0.8 MPa,主要用于机组制动、打开虹吸式出水流道的真空破坏阀、安装检修时吹扫设备等。

抽真空系统主要用于水泵叶轮位于水面(即安装高度为正值)的水泵启动时的抽真空灌注引水以及水泵启动过程中虹吸式出水流道的抽气。

(三) 油系统

大型泵站的油系统主要包括润滑油系统和压力油系统。

润滑油系统主要用于润滑水泵和电动机的轴承,包括电动机的推力轴承、上下导轴承和水泵导轴承。

压力油系统主要包括叶片调节压力油系统和启闭机压力油系统,一般由油压装置和调节器等组成。叶片调节压力油系统压力为 3.6～4.0 MPa(中压),启闭机压力油系统压力依不同设计要求在 11.0～16.0 MPa(高压)之间。

（四）通风与起重设备

泵站通风包括主电动机的通风和主副厂房的通风。大型泵站主机组的电动机，目前多采用空气冷却，在电动机转子周围的两端装有特制的风扇。泵站主副厂房不挡水的各层，应尽量采用自然通风。

为了满足机组安装及检修的需要，泵房内应设置起重设备。对于大型泵站，由于起重量较大，而且泵房的跨度也较大，所以厂房起重设备多采用电动双梁桥式起重机。

四、金属结构

大型泵站金属结构一般包括拦污栅、清污机、闸门、液压启闭机、拍门、真空破坏阀和液控缓闭蝶阀等。

（一）拦污栅

拦污栅是用于拦截水面漂浮物及水中污物的格栅，安装在泵站的进水侧。拦污栅通常由底板、栅墩、工作桥等钢筋混凝土建筑物和钢质栅体及预埋件组成。

（二）清污机

清污机是用于清理拦污栅前漂浮物及污物的设备。泵站常用的清污机主要有耙斗式和回转式两种。耙斗式清污机主要由耙斗装置、行车导轨、移动车、电机减速驱动等装置组成。回转式清污机主要由清污机架、回转齿耙、提升链、栅体、电机减速驱动等装置组成。大型泵站多采用回转式清污机。

（三）闸门

闸门是一种安装在出水流道出口的断流装置。按照闸门的工作性质，闸门可分为工作闸门、事故闸门和检修闸门。

大型泵站闸门均采用直升式平面钢闸门，一般由活动的门叶、门槽埋件和启闭机械等组成。

（四）液压启闭机

在大型泵站中，液压启闭机利用液压传动来实现闸门的启闭。液压启闭机主要有液压系统和液压缸组成，多个启闭机可共享一套液压系统。

（五）拍门

拍门是一种安装在出水流道（或出水管道）出口的单向阀门，是常见的断流装置。在大型泵站中，拍门多与工作闸门配合使用，以减少主机组开机时的启动阻力。

（六）真空破坏阀

真空破坏阀安装在虹吸式出水流道的驼峰顶部。在大型泵站中，虹吸式出水流道最常用的是气动式真空破坏阀和电动式真空破坏阀。

（七）液控缓闭蝶阀

液控缓闭蝶阀是一种安装在水泵出水管道的水锤防护设备。泵站上采用的液控缓闭蝶阀一般是带有逆止功能的单向阀，因此该阀往往也作为水泵主阀使用。

五、自动化系统

（一）计算机监控系统

目前，大型泵站计算机监控系统一般按分层分布式结构设计，模块化组建，大致可分为远程调度层、泵站监控层、现地控制层。系统内部各单元相对独立，自动化程度高，通用性好。系统的网络结构可以根据泵站规模和装机功率进行选择，可采用星形拓扑网络或环状拓扑网络等。

（二）视频监视系统

大型泵站视频监控系统是监视工程设备的安全运行、加强工程设施安全防范的重要手段。视频监视对象包括拦污栅、进水池、泵房、主机组、高低压配电室、真空破坏室和出水池，以及输变电设施、进出水闸门、相关建筑物等。

第三节 泵站检修

一、检修的概念

机组检修是指泵站主机组及其他机电设备技术状态劣化或发生故障后，为恢复其功能而进行的技术活动，包括各类计划修理和计划外的故障修理及事故修理，又称设备检修。

设备检修的基本内容包括：设备维护保养、设备检查（定期检查和非定期检查）和设备修理（小修理和大修理）。对主机组及其他机电设备进行检验与维修，是对机电设备进行故障排除的有效方法，分为计划性检修和临时性抢修，依据检修范围和程度，检修又分为大修和小修。

二、机组大修周期

大型泵站的大修周期一般为3~5年。视泵站机组的运行情况，大修一般分为定期大修和不定期大修。大型泵站机组检修应以定期大修为依据，考虑不定期大修的特殊情况，编制一个确实可行的检修计划，这是泵站管理的一项重要工作。

（一）定期大修

机组经过一定时间的运行，某些易损件的磨损程度超出了允许值，机组虽没有丧失运行能力，但必须进行大修。这种根据机组累计运行小时数确定的大修，称为定期大修。

（二）不定期大修

机组总运行时数虽然没有达到一个大修周期内的运行时期，但机组停用时间长，以及受到机组本身及建筑物不均匀沉陷的影响，水泵的垂直度及某些安装数据发生了较大变化，或者由于设备发生事故被迫停止运转所进行的大修，如电机线圈损坏、水泵叶片调节机构发生故障、水泵轴承的损坏等，称为不定期大修。

三、定期检查及修理

(一) 定期检查

1. 水泵部分
(1) 检查叶片、叶轮外壳的汽蚀情况,应绘制出汽蚀磨损的区域图,测量记载汽蚀破坏程度。
(2) 检查叶片与动叶外壳的间隙,记录间隙变化情况。
(3) 检查叶轮法兰、叶轮、主轴连接法兰的漏油情况。
(4) 密封的磨损及漏水量的检查与测定。
(5) 轴承间隙的测量、水导轴承磨损情况的检查。
(6) 测温装置及示流仪器的检查。
(7) 润滑水管、滤水器、回水管等淤塞情况的检查。
(8) 受油器漏油量、调节器磨损情况及叶片角度对应情况检查。
(9) 检查水泵各部位螺栓和销钉,应无松动和脱落等现象。

2. 电机部分
(1) 上下油盆润滑油取样化验和油位检查。
(2) 检查机架连接螺栓、基础螺栓有无松动。
(3) 检查轴瓦间隙测量,轴瓦磨损及松动情况。
(4) 检查油冷却器外壳有无渗漏油。
(5) 检查滑环有无伤痕,检查油污及碳刷磨损情况。
(6) 制动器有无漏油及制动块能否自动复位。
(7) 油、水、气系统管道接头有无渗漏现象。
(8) 轴承、受油器绝缘检查。
(9) 定子线圈油污和松动检查和测量、测温装置检查。
(10) 转子线圈油污和短路环连接螺栓检查。

(二) 小修

1. 水泵部分
(1) 水导密封的更换与处理。
(2) 水导轴承解体、更换轴承或调整轴承间隙。
(3) 主泵填料密封更换。
(4) 受油器轴承的更换和重新安装调整。
(5) 受油器上操作油管内、外密封磨损的检查和油管处理。
(6) 制动器检查及活塞更换。
(7) 半调节水泵叶片角度调节。
(8) 液位仪器及测量件的检修。

2. 电机部分
(1) 油冷却器的检修或更换铜管。
(2) 上、下油盆清理及换油。
(3) 滑环的加工处理。

(三) 一般性大修

1. 叶片、叶轮外壳的汽蚀修补。

2. 泵轴轴颈磨损的处理。
3. 轴承的检修和更换。
4. 密封的检修和更换。
5. 填料的检修与更换。
6. 受油器分解、清理;轴承和内、外油管磨损处理;绝缘垫损坏的检查和处理。
7. 镜板研磨抛光;电机上、下导轴瓦和推力瓦的研刮与修理。
8. 定子、转子线圈更换及绝缘处理。
9. 油冷却器的检查、试验、检修。
10. 上、中、下操作油管的试验以及检查与处理。
11. 制动器的检查、解体处理。
12. 机组的垂直同心度、摆度、垂直度、中心以及各部的间隙、磁场中心的测量调整及油、水、气管压力试验等。

(四) 扩大性大修

1. 包括一般性大修的全部项目。
2. 叶轮解体、检查修理。
3. 叶轮的静平衡试验。
4. 叶轮的油压试验。

第四节 泵站故障与事故

一、故障与事故的定义

在泵站工程中,故障是指设备降低或失去其规定功能的事件或现象,表现为设备的某些零件失去原有的精度或性能,使设备技术性能降低或不能正常运行,从而影响泵站效益。

事故是指设备因非正常损坏造成泵站效益大幅降低或水泵停机,直接经济效益损失超过限额的事件或行为。

二、大型泵站故障性质分类和占比

大型泵站典型故障主要包括主机组、电气设备、金属结构、辅助设备、自动化系统故障,如图 1-1 所示。

通过收集国内大型泵站工程试运行和运行期的典型故障,发现主机组故障类占 28.86%,金属结构故障类占 28.06%,辅助设备类占 19.37%,电气设备类占 13.83%,自动化故障类占 9.88%。

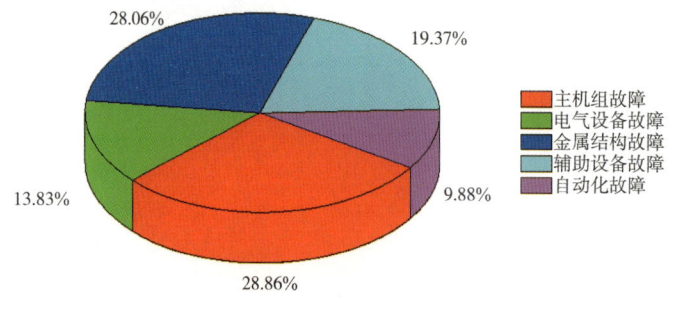

图 1-1 故障占比图

第二章

泵站主机组

主机组是大型泵站的主体设备，一般包括主水泵、主电动机和齿轮箱及其叶片调节机构、轴承等设备。

第一节 主水泵故障及排除方法

一、主水泵简介

水泵的种类和型式很多，我国大型泵站所常用的水泵有轴流泵、混流泵和离心泵。离心泵适用于中高扬程泵站，如南水北调中线工程惠南庄泵站、景泰川电力提灌工程等。轴流泵和混流泵适用于低扬程泵站，如东深供水工程、引滦入津工程、引黄济青工程、安徽引江济淮工程以及南水北调东线工程等。主水泵是泵站工程的核心设备，按照水泵结构形式，可分为立式、卧式及斜式、贯流式等。

立式机组(图 2-1)一般选用轴流泵和混流泵，具有占地面积小、水泵轴承荷载小、可靠性高、电机通风散热条件好、不易受潮湿、机组安装检修方便等优点，各方面技术比较成熟，目前应用最多。

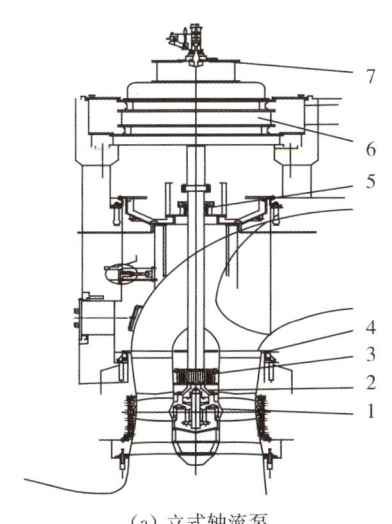
(a) 立式轴流泵
1—叶轮；2—泵轴；3—导轴承；4—导叶体；5—填料密封；6—电动机；7—调节器

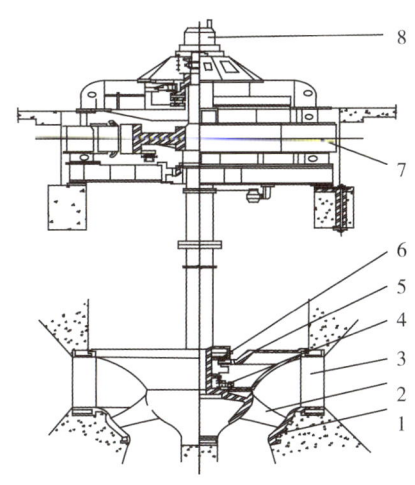
(b) 立式导叶式混流泵
1—叶轮外壳；2—叶轮；3—导叶体；4—密封；5—泵盖；6—导轴承；7—电动机；8—调节器

图 2-1 立式机组

卧式机组一般指卧式水泵和卧式电动机采用联轴器直联方式的结构形式。轴流泵也有采用卧式和斜式安装的,如图2-2和图2-3所示。

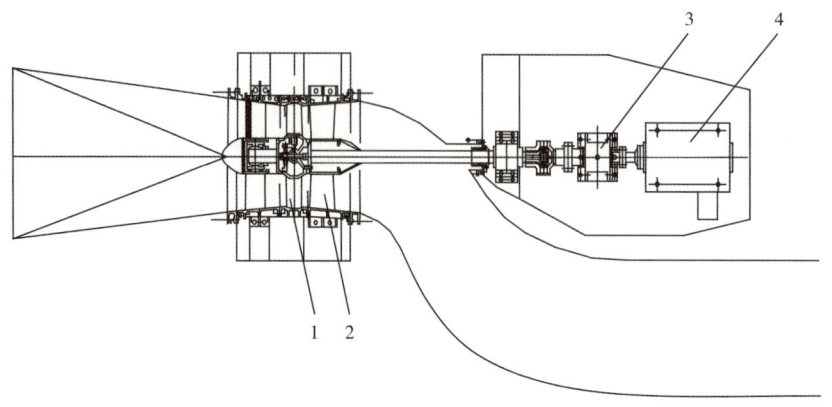

1—叶轮;2—导叶体;3—齿轮箱;4—电动机

图 2-2　卧式机组

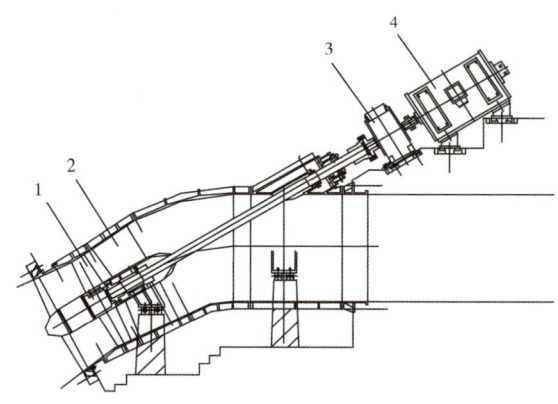

1—叶轮;2—导叶体;3—齿轮箱;4—电动机

图 2-3　30°斜式机组

贯流泵亦称"圆筒泵""灯泡泵",水流沿泵的轴线方向通过泵内流道,是一种没有明显转弯的卧式轴流泵,可分为灯泡贯流式、轴伸贯流式、竖井贯流式和全贯流式。其中,灯泡贯流式使用最多,根据灯泡体的位置,又可分为后置式灯泡贯流式机组和前置式灯泡贯流式机组。如图2-4所示。

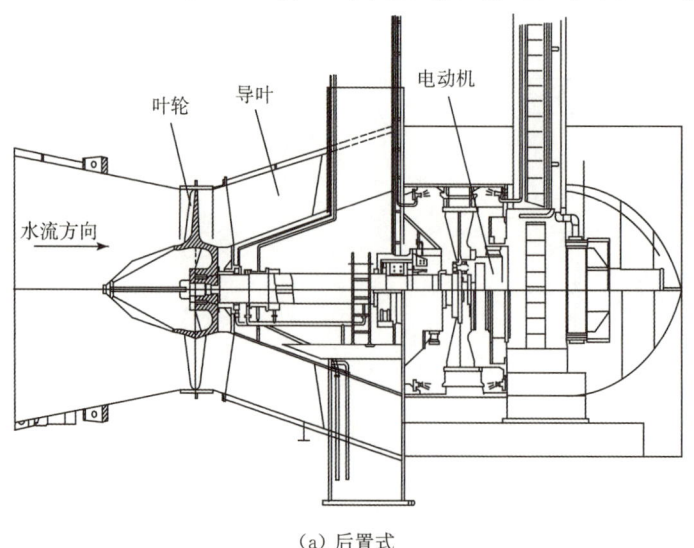

(a) 后置式

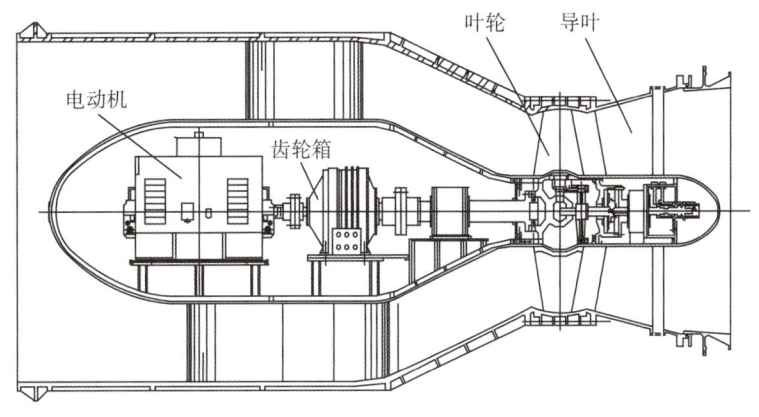

(b) 前置式

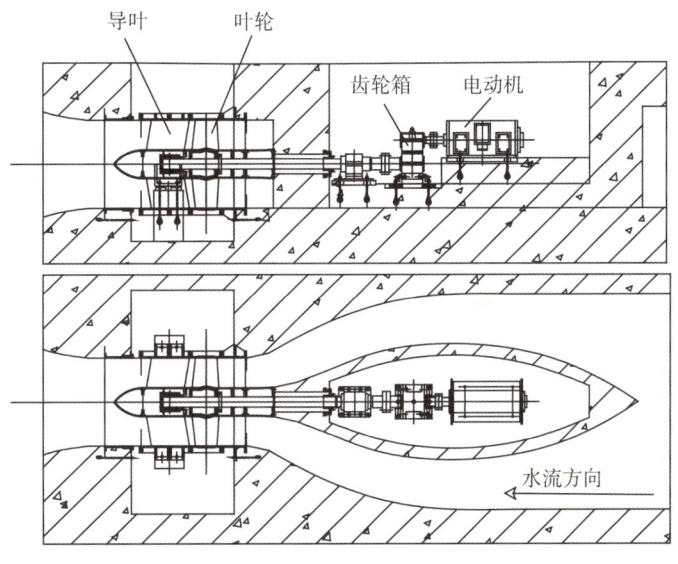

(c) 竖井贯流式

图 2-4 贯流泵结构

卧式离心泵机组(图 2-5)一般扬程较高,流量相对较小,转速较高,因此,通常口径 700 mm 以下的机组装配成整体到货,部件整体性较强。通常口径 900 mm 以上的卧式离心泵机组则拆装成几个大部件运到工地,因此组装工作量较少,仅对大部件做必要的清扫、检查和测量,试验后即可进行总装。

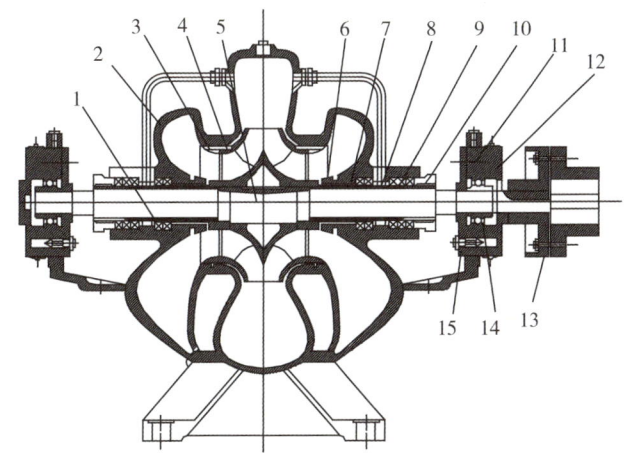

1—泵体;2—泵盖;3—密封环;4—叶轮;5—泵轴;6—轴套;7—填料套;8—水封环;9—填料;
10—填料压盖;11—轴承体;12—滚动轴承;13—联轴器;14—轴承挡套;15—轴承端盖

图 2-5 卧式离心泵机组结构形式图

二、主水泵故障排除方法实例

(一) 主水泵汽蚀

1. 故障现象

(1) 水泵内发生汽蚀时,大量的气泡生成、发展和溃灭,破坏了水流的正常流动规律,使水泵性能恶化。

(2) 汽蚀会对叶片和叶轮室产生破坏,通常受汽蚀破坏严重的部位是叶片进口处和转轮室中部。

(3) 气泡凝结溃灭时,产生压力瞬时升高和水流质点间的撞击以及对叶轮和叶轮室的打击,会使水泵产生振动和噪音。

2. 原因

水泵内局部压力降低到水的汽化压力是产生汽蚀的直接原因。造成泵内压力过低的原因大致有以下几个方面。

(1) 水泵吸水高度过大。随着水泵吸水高度的增加,水泵进口处的真空度增加,致使泵内压力降得过低。造成吸水高度增大的原因大多是水泵工作期间进水池水位下降过大。

(2) 泵内水流经过狭窄的间隙。此时流经间隙的水流速度增大,使间隙处的压力下降形成汽化。

(3) 水泵实际工况偏离设计工况点较远。在这种情况下叶片进口处将形成冲击入流,水流脱离叶面而出现低压。

(4) 水泵的进水条件差。如果进水池产生旋涡,使进入水泵的水存在预旋或将空气带入水泵,以及肘形进水流道出口处所形成的流速、压力分布不均匀的情况,都会导致汽蚀的产生。

(5) 叶轮叶片制造质量不过关或水泵设计选型不合理。

3. 解决方法

(1) 提高水泵的抗汽蚀性能。例如:选择适宜的进水部分几何形状和参数;采用双吸式叶轮;降低转速运行;加设诱导轮;制造超汽蚀泵;选用抗汽蚀性能较强的材料(不锈钢、锰钢、合金钢等)。

(2) 设计良好的吸水装置。例如:合理确定安装高程;合理选择进水管道;设计良好的前池和进水池。

(3) 运行管理中,尽量保证水泵在额定工况及其附近运行。如果仍有汽蚀问题存在,可考虑降速或者增加流量的方法。

(二) 叶片砂眼

1. 故障现象

主水泵叶片表面存在分布不均匀的小空洞。

2. 原因

(1) 铸造加工缺陷。

(2) 水泵长期偏工况运行。

3. 解决方法

首先,拆卸叶轮,检查叶片翼型尺寸并进行 PT 探伤检测。其次,对砂眼处缺陷进行打磨清理及补焊修复。最后,用磨光机对叶片进行修整。

(三) 叶片角度超差

1. 故障现象

水泵各叶片实际安放角误差大于 0.25°。

2. 原因

（1）叶轮试压是在最大角度时进行的，因叶片止点不同，不同叶片不均匀受力导致操作架变形，从而形成叶片角度的偏差。

（2）当叶调系统在停运状态无油压时，步进电机带动调节杠杆达到甚至超过最大正或负角度。当叶调系统再次投入运行时，系统建立工作油压，而此时叶调的上或下限位开关已无限位作用，最终导致机组叶片角度至极限位置。同前叶轮试压时一样，因叶片止点不同，不同叶片不均匀受力导致操作架变形，从而形成叶片角度的偏差。

3. 解决方法

在活塞上下增加限位块，避免超出极限角度运行，造成叶片不均匀受力现象。

（四）叶轮轮毂体进水

1. 故障现象

机组大修期间，发现叶轮轮毂体内有少量积水。

2. 原因

叶轮与导水帽之间的橡胶密封圈损坏、老化，导致其防水性能下降，叶轮内发生进水故障。

3. 解决方法

更换叶轮与导水帽之间的橡胶密封圈，并对叶轮内叶片调节操作机构涂抹润滑脂保养。

（五）主水泵异常振动

1. 故障现象

机组运行过程中，水泵振动较大，叶轮室外壳处有清脆的金属刮擦声。

2. 原因

（1）水泵安装质量不达标。

（2）机组维修不及时，养护不到位。

（3）水泵轴承的过度磨损和损坏。

（4）主机组偏离工况运行。

（5）水泵汽蚀严重。

（6）叶片断裂。

3. 解决方法

将水泵解体，返厂维修，并将磨损部件堆焊后重新车削加工。

（六）主水泵填料磨损严重

1. 故障现象

主水泵运行时，机组顶盖积水严重。

2. 原因

由于填料老化、磨损严重，导致填料函渗水量增大，进而引发机组顶盖严重积水。

3. 解决方法

停机，并更换新的填料。

（七）反向发电工况下主水泵振动故障

1. 故障现象

（1）机组的有功功率较低，在 100～400 kW 波动（正常情况下有功功率应在 850～900 kW 范围内波动）。

(2)电机层、联轴层及水泵层振动均显著增大,并开始实时报警,随着振动的持续增大,水泵层叶轮外壳处有黑色锈迹从密封圈溢出。

2. 原因

(1)有树根等杂物混入。树根属于沉木,不易观察和清理,并且拦污栅对于沉木等不易发现的杂物阻拦效果不佳。

(2)由于树根被浸泡时间较长,在水流的冲击作用下容易破碎,从而比较容易进入拦污栅和主水泵,进而造成水泵振动明显增强。

3. 解决方法

关闭进水流道检修闸门,打开检修闸阀,排除流道内积水,清除流道与叶片上的树根。

三、主水泵典型故障案例分析

轴流泵叶轮由轮毂体、叶片、导水锥以及轮毂体内的叶片调节机构组成。大型轴流泵调节机构通过机械或液压机构来改变叶片的安放角度(图2-6)。

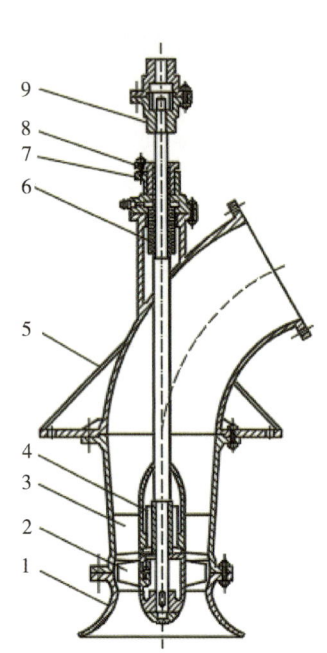
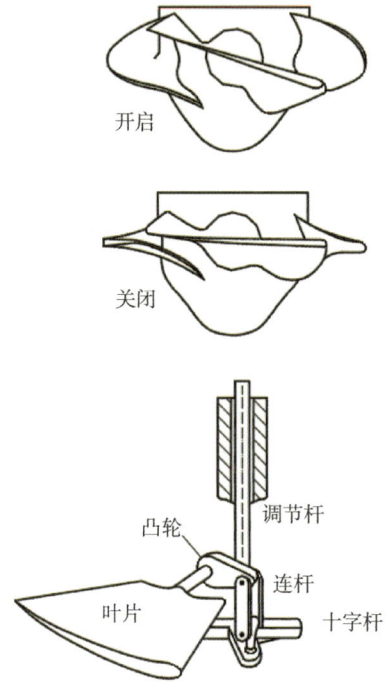

1—喇叭管;2—叶轮部件;3—导叶体;4—橡胶轴承;5—弯管;6—橡胶轴承;7—填料盒座;8—填料压盖;9—联轴器

图 2-6 叶片调节机构

叶片角度超差属于典型的主水泵机械故障,多个大型立式泵站均出现了该故障。叶片角度超差的定义如下:

如图2-7所示,叶片上角距h_1是叶片上角至叶轮外壳上平面(或导叶体下止口)的距离,叶片下角距h_2是叶片下角至叶轮外壳上平面(或导叶体下止口)的距离,叶片安装角距α是叶片上角距与下角距的差值(式2-1),不同叶片安装角距α的偏差称为叶片角度超差β(式2-2)。

$$\alpha = h_2 - h_1 \tag{2-1}$$

$$\beta = \alpha_{max} - \alpha_{min} \tag{2-2}$$

式中：h_1——叶片上角距，mm；
　　　h_2——叶片下角距，mm；
　　　$α$——叶片安装角距，mm；
　　　$β$——叶片角超差，mm。

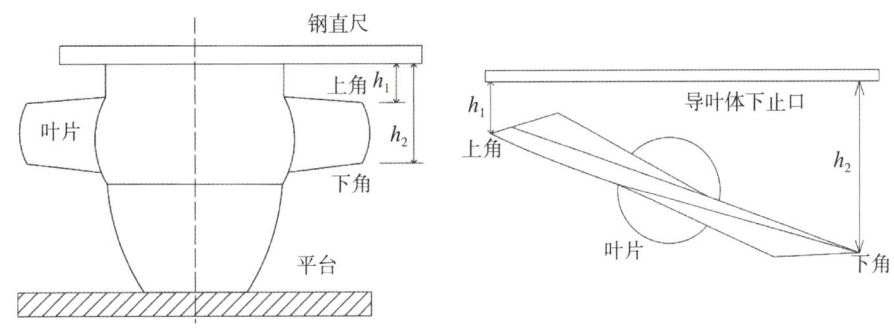

图 2-7　叶片安装角度检查示意图

对于叶片角度超差，《泵站设备安装及验收规范》(SL 317—2015)要求：水泵各叶片实际安放角误差不应大于 0.25°。以水泵叶轮直径 3.0 m 为例，叶片角度偏差的允许规定值为 7 mm。

叶片角度超差主要发生在工厂装配、安装试压和泵站机组运行过程中。

检查叶片转角偏差，是水泵生产厂家进行水泵装配、调整和验收的重要项目。叶轮装配完成后和安装时均需在最大叶片角度下进行试压试验，但由于叶片的止点不同，极易造成不同叶片不均匀受力，导致轮毂体内的操作架变形，从而形成叶片角度的偏差。

叶片液压调节机构工作原理如图 2-8 所示。叶片角度的调节采用现场手动和远方控制两种方式。其中远方控制指令通过叶调系统(PLC)控制受油器内步进电机带动调节机构反馈杠杆打开配压阀，液压油经操作油管进入接力器活塞上腔或下腔，驱使活塞向下或向上运动，经叶轮内机构带动叶片转动，同时操作油管随活塞带动受油器内操作机构杠杆联动关闭配压阀，完成叶片调节。

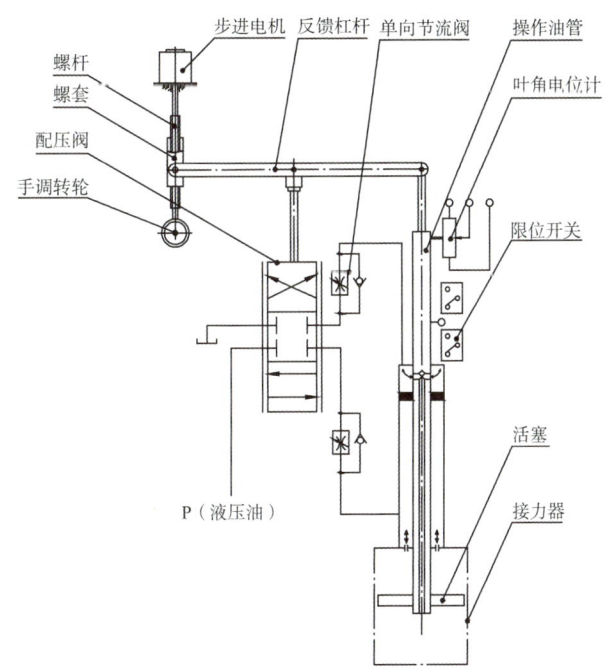

图 2-8　叶片液压调节机构工作原理图

当叶片调节机构在停运状态无油压时，如在泵站监控系统或在叶调系统 PLC 触摸屏进行叶片调节控制,由步进电机带动调节机构杠杆,打开配压阀,因无液压油,机组叶片角度没有发生变化,叶片角度电位计无叶片动作反馈信号,叶片调节机构PLC内部程序接收不到叶片角度达到设定值的反馈,导致程序一直给步进电机发调节信号,使步进电机带动调节杠杆达到甚至超过最大正或负角度,致使配压阀处于完全打开状态。

当叶片调节机构再次投入运行时,系统建立工作油压,因此时叶调系统配压阀处于打开位置,叶片角度迅速增大或减小,达到调节机构设定的限位角度,而此时叶片调节机构的上或下限位开关已无限位作用(限位开关仅在叶片调节超限时断开步进电机脉冲调节信号),最终导致机组叶片角度至极限位置。同前叶轮试压时一样,因叶片止点不同,造成不同叶片不均匀受力导致操作架变形,从而形成叶片角度的偏差,即叶片角度超差故障。

四、主水泵故障预防措施

(一) 主水泵汽蚀

1. 依照《泵站设计标准》(GB 50265—2022),泵站初步设计时,应优先选用技术成熟、性能先进、高效节能的产品。根据水泵性能合理确定水泵安装高程。

2. 依照《泵站更新改造技术规范》(GB/T 50510—2009),处理汽蚀问题必须深入分析引起汽蚀的原因。由制造原因引起的汽蚀,应选用抗汽蚀材料(不锈钢等)或对过流部件表面采取防护措施。

3. 在泵站运行管理中,运行管理人员要及时清理拦污栅上的垃圾,避免形成过大的水位落差,导致泵站扬程大幅增加。

(二) 叶片砂眼

提升叶片制造工艺,叶片材质选用质量过关的不锈钢材质,如 ZG0Cr13Ni4Mo 不锈钢。

(三) 叶片角度超差

1. 在叶片调节控制系统泵站监控系统增加操作限制。当叶调系统在停运状态无油压时,不能在泵站监控系统或在叶调系统PLC触摸屏进行叶片调节控制功能。

2. 在活塞上下增加限位块,可保证工厂装配和安装试压时在大角度调节时避免出现叶片不均匀受力。

3. 建议在机组安装和大修时增加叶片角度测量的装置以便及时发现叶片角度超差问题。同时,建议在机组安装和大修完成后增加检查验收项目。

(四) 叶轮轮毂体进水

1. 选用质量过关的橡胶密封圈。
2. 及时更换老化的橡胶密封圈,大修后进行叶轮体气密试验。

(五) 主水泵异常振动

1. 严格遵守《泵站设备安装及验收规范》(SL 317—2015)中关于水泵泵轴同心、运行摆度、减速机的端面间隙等方面对安装质量的要求。

2. 严格控制返厂、采购的部件质量,确保材料、尺寸和公差在设计要求的范围之内。

3. 定期维护保养机组、对机组开展周期性检查维修,并及时清除水泵内杂物,设置拦污、清污设施。

4. 加强运行管理,关注机组运行状态,发现异常及时检查维修。加强对运行人员的教育培训,提高员工技能业务水平,提高故障甄别能力。

第二节 主电动机故障及排除方法

一、主电动机简介

主电动机是泵站工程的动力机,用来驱动水泵。相较于柴油机来说,电动机操作简单、管理方便、运行稳定、成本较低、环境污染小、易实现自动化,但其输变电线路及其他附属设备投资大,应用时受电源限制。

大型直联传动水泵机组一般采用同步电动机。同步电动机是由直流供电的励磁磁场与电枢的旋转磁场相互作用而产生转矩,以同步转速旋转的交流电动机。

在大中型泵站中,立式机组多采用立式电机,卧式轴流泵配套电动机一般采用卧式同步电动机。如图2-9(a)所示,立式同步电动机的定子和转子是产生电磁作用的主要部件,上机架、下机架、推力轴承、上下导轴承、碳刷及滑环、顶盖等是支持或辅助部件。转子及主轴为转动部件,它与泵轴用刚性联轴器连接,带动叶轮旋转做功。如图2-9(b)所示,卧式同步电动机一般由定子、转子、电机轴、轴承、端盖、集电环、刷架、基础底板以及空-水冷却器等组成。

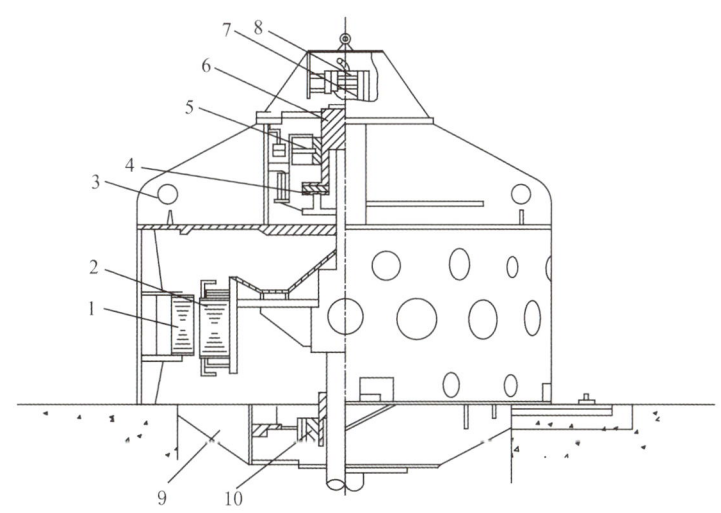

(a) 立式同步电动机
1—定子;2—转子;3—上机架;4—推力瓦;5—上导轴承;6—推力头;7—碳刷架;8—集电环;9—下机架;10—下导轴承

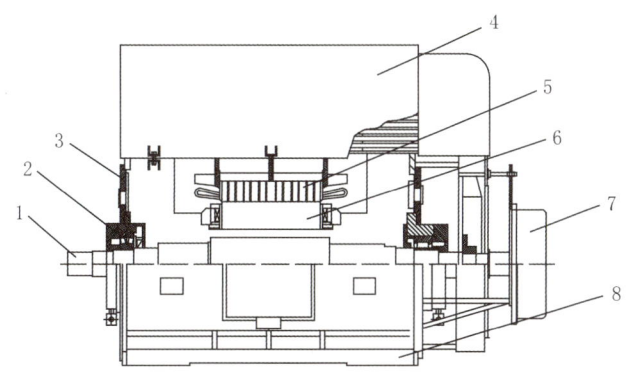

(b) 卧式同步电动机
1—电机轴;2—轴承;3—端盖;4—空-水冷却器;5—定子;6—转子;7—刷架罩壳;8—基础底板

图2-9 电机结构图

二、主电动机故障排除方法实例

（一）主电机定子短路

1. 故障现象

（1）6 kV 总进线开关跳闸，全站停机。

（2）主电机的 V 相、W 相电缆引线处，部分线圈绕线端部熔断。

2. 原因

（1）主电机定子绕组在生产过程中浸漆处理时存在空隙，在潮湿环境下，绕组易吸潮，使得绝缘电阻偏低。

（2）当环境空气湿度较大时，在操作过电压作用下，会造成电机绝缘损坏。

3. 解决方法

（1）切除绕组中损伤的线圈，重新配接跳线连接并通电烘焙，进行绝缘处理。焊接时用耐火石棉布浸水后对非焊接部位进行保护。同时尽量缩短焊接时间，防止造成其他部位的绝缘损坏。该措施可以作为应急处理措施。

（2）主电机返厂维修，更换局部或全部定子线圈。

（二）主电机定子线圈下端部起火

1. 故障现象

机组干燥过程中，主电动机有烟雾产生，并且定子线圈下端部起火，造成定子线圈下端部的绝缘和干燥电热管不同程度的烧损。

2. 原因

（1）电热管上的高温、电火花是起火的直接原因，油是起火的诱发条件。

（2）制度不健全，管理不善，思想麻痹，隐患整治不力。

（3）电热器装置老化。

3. 解决方法

（1）及时清理油污。

（2）对主电动机受损的定子线圈端部进行绝缘处理。

（3）改造干燥电热器装置，增大电热器与线圈的距离。

（三）主电机噪声超标

1. 故障现象

机组运行过程中，主电机的噪音较大，高达 100 dB，远超规程允许运行噪音 85 dB。

2. 原因

主电机的设计及制造存在一定的缺陷，导致电机齿槽转矩过大，影响电机低速运行和控制性能。

3. 解决方法

机组大修期间，将电机转子返厂处理，即将转子磁极上下偏转 10 mm。

4. 注意事项

不同的磁极偏转角度所得到的齿槽转矩幅值不同。随着偏转角度的增加，齿槽转矩的幅值减小，但偏转到了一定角度后，随着偏转角度的增加齿槽转矩的幅值反而加大。

(四) 主电动机碳刷发热、打火

1. 故障现象

（1）主机组电机的碳刷温度异常升高，严重时其温度高达 100 ℃。

（2）主机组电机的碳刷出现轻微打火现象。

2. 原因

（1）碳刷选型不匹配。

如果碳刷材质不好或者工艺不成熟，这样的碳刷容易出现磨损、断裂等问题，导致电流不稳定，从而引起碳刷打火。

（2）碳刷压力调整不当或碳刷磨损量过大。

碳刷弹簧压力偏小或碳刷磨损量多大（超过全长的 1/3），会导致碳刷与滑环接触不良，造成接触电阻增大，引起负荷电流的分配不均，电流集中在为数较少的碳刷上，造成局部严重发热。

（3）碳刷和滑环表面不光滑。

集电环又名滑环，当电机运转时集电环会随电机一起旋转，碳刷就紧贴集电环的表面摩擦。当碳刷中含有少量碳化铁和碳化硅时，其硬度及耐磨性得到明显提高，但是也会在集电环上拉出沟槽，对电机集电环的危害极大。

另外，当碳刷发生打火时，又会对滑环表面形成电腐蚀，加剧了滑环的磨损。

（4）碳刷质量不过关。

碳刷是电机的重要部件之一，其质量直接影响电机的使用寿命。由于不同制造厂生产的电刷性能差别很大，甚至同一制造厂在不同时间生产的电刷性能也有所差别。

（5）碳刷与电机转子接触不良。

碳刷与转子之间存在空隙，或者是碳刷接触面积不足，会导致电流不稳定，从而引起碳刷打火。

（6）更换碳刷时，未按要求研磨。

为了使碳刷与滑环接触良好，新碳刷进行更换之前应该研磨弧度，有条件时可以在滑环上进行。

3. 解决方法

（1）选择正规厂家生产的质量可靠的碳刷。

（2）合理调整碳刷弹簧的压力，并及时更换压力不足和长度不足的碳刷。

（3）对不光滑的滑环表面用细砂纸进行研磨，必要时对滑环进行车削加工。

（4）采购碳刷时应尽量使用同一厂家生产的同一型号、同一时期的碳刷，确保并联电刷电流分布平衡。

（5）更换碳刷时，用细砂纸仔细对碳刷进行研磨，确保碳刷与滑环弧面接触良好。

(五) 主电机运行温度过高

1. 故障现象

主机组电机运行时，自身温度比正常温度（80~90 ℃）偏高，普遍在 100~105 ℃ 工作。

2. 原因

（1）主电机运行时，环境温度偏高。

（2）主电机的风道设计存在缺陷，导致排风不畅。

（3）排风风机的出风量较小。

3. 解决方法

（1）增大排风扇的排风量。

（2）改造主机风道，在两台主机风机周围加装防护罩，缩小风道面积，使得热风不在风道内回旋，直接排出。

（3）将排风口纱网更换为网口尺寸更大的纱网，便于热风排出。

（六）主电机绝缘偏低

1. 故障现象

主电机绝缘偏低，其吸收比不符合要求，影响机组正常开机。

2. 原因

（1）水泵层、联轴层和风道内的湿度较大。

（2）泵机组的通气、排气空间较小，使得电机容易受潮。

3. 解决方法

（1）拆开电机接线盒，对线圈采用暖风机、风机、投励烘干。

（2）在泵房内尤其是水泵层加设除湿机。

（七）主电机烧损

1. 故障现象

（1）主电动机出现异常振动，并发出声响。

（2）主电动机出现浓烟或者明火。

（3）主电动机定子及转子绕组绝缘受到不同程度的损伤。

2. 原因

主机组联动控制信号由表示断路器状态的位置继电器引出，当直流电源发生故障，位置继电器因故障失电或损坏时，会使得水泵扬程抬高和电机异步运行，甚至导致故障的扩大。

3. 解决方法

（1）对全站设备进行全面检查，尤其是对直流电源电路和元器件进行检查及检测，并对中央报警信号系统及主电机控制电路等进行改造。

（2）将主电动机的定子绕组返厂更换，并对设备缺陷进行整改。

三、主电动机典型故障案例分析

（一）电机定子短路

国内某泵站在抗旱运行中，2号机组振动加剧，需潜水员下水检查。为确保人员安全，8时35分全站停机。放下检修门，清理出树枝等杂物后，再次启动机组运行。3号、4号、5号、6号、7号机组正常运行，当8号机组启动时，瞬间故障跳闸，同时引起6kV总进线开关跳闸致全站停机。保护装置显示8号主电机速断动作，6 kV总进线速断（过流Ⅰ段）动作跳闸，经检查电机V相、W相电缆引线处各有几匝线圈绕线端部熔断（如图2-10）。经进一步测试检查确认为电机定子绕组匝间短路故障。

8号机组电机为2007年2月出厂的新电机，自投入使用以来，绝缘电阻一直偏低，停机后易出现吸潮现象。进一步分析认为，故障是由于定子绕组在生产过程中浸漆处理时存在空隙所导致的，在潮湿环境下绕组易吸潮，使得绝缘电阻偏低。加之当日空气湿度较大，在操作过电压作用下，造成电机绝缘

图2-10　损坏的定子线圈

损坏,导致本次故障的发生。

根据故障状况判断,原解决方案将电机定子返厂,更换全部定子线圈。但由于当时正处于抗旱紧张时期,电机定子返厂更换全部定子线圈至少需要两个月的时间,因此考虑其他解决方案。

由于旱情紧张,工作人员决定采用现场临时处理方案"丢线圈法",即切除绕组中有接地点的线圈,对电机定子绕组进行应急处理,等到水情缓解以后再返厂维修。

"丢线圈法"是指对绕组中有接地点的线圈进行切除。处理时对绝缘薄弱受损的 B 相和 C 相各三个线圈进行切除(该电机每相有 72 个线圈),重新配接跳线连接并通电烘焙,进行绝缘处理。焊接时用耐火石棉布浸水后对非焊接部位进行保护。同时尽量缩短焊接时间,防止造成其他部位的绝缘损坏。

要注意的是:该站电机实际运行时,功率在 1 200 kW 左右、电流在 120 A 左右,而该电机的额定功率为 1 600 kW,额定电流为 180 A,电机的负载率不到 80%。因此,"丢线圈法"为电机定子少部分绕组故障进行应急处理留下了空间。如果电机工作在满负荷或接近满负荷的情况下出现部分定子绕组故障时,"丢线圈法"会使得某相电流超过额定电流,同时电机温升可能超过额定温升,所以"丢线圈法"的应用是有条件的。

在对电机绕组进行"丢线圈法"处理后,最终通过直流耐压及泄漏电流和交流耐压试验。该电机在 7 月 3 日上午 11:40 分开机,运行基本正常。电机修复后,机组运行平稳,连续抽水运行 33 d、发电 10 d,运行无明显异常。

(二) 主电机烧损

某泵站 9 台机组全部投入抽水运行时,泵站主机组出现异常振动和声响,控制台设备运行位置信号指示灯全部熄灭,自动化监视系统显示 9 台机组出水闸门处下落关闭状态,主电动机电流及功率迅速增大。运行值班人员发现异常后,紧急先后分别在控制室用主机控制开关,在主机层用现场主机紧急停机按钮及在高压开关室高压开关柜断路器电气分闸按钮进行紧急停机,均未能动作。此时现场运行机组已开始出现浓烟,7 号、9 号主电动机已出现明火,同时开关室励磁柜也出现浓烟,值班人员再用控制开关试图断开主变进出线断路器以切出主变压器,仍未能动作,最后电话联系上级供电变电所切除 110 kV 电源,才切断了电源,但贻误了时间,导致主电机异步运行约 15 min 以上,主电动机定、转子绕组绝缘因过热而受到不同程度的损伤,其中 7 号、9 号机组主电动机定子绕组绝缘损坏严重。

该泵站主泵为双向流道。泵站运用有三种方式:抽水、排涝、引水。运行时由运行方式决定双向流道的闸门位置。主电机控制、保护电路、进出水闸门卷扬机制动器控制电路由直流装置供电,卷扬机控制电路及其动力电路由交流电源供电。闸门开启由卷扬机电动机进行控制;关闭可由卷扬机电动机进行控制,也可由制动器直流控制电路使制动器电磁铁带电,松开制动闸,靠闸门自重来关闭闸门。

出水闸门启闭及主机投励,均采用与主机组开、停联动的控制方式。但该泵站主机组联动控制信号,未直接使用主电机断路器的辅助接点,而是采用由表示断路器状态的位置继电器引出的方式。这种联动控制电路存在一定隐患,在主机运行时,当位置继电器因故障失电或损坏时,会导致出水闸门自动关闭及主机切出励磁,水泵出水经高程 7 m 的溢水胸墙溢出,造成水泵扬程抬高,电机异步运行。一般情况下,当发生以上故障时,主电机会因失励或过负荷保护动作而及时跳闸,不会造成较大危害。

该泵站直流电源装置,由具有浮充电功能充电器及免维护蓄电池组成,闸门卷扬机制动器控制电路由蓄电池直接供电,主电机控制保护电路经电压调节元件及一个直流接触器 4ZC 的常闭触点供电,直流系统图详见图 2-11。

大型泵站均有中央报警信号系统,该泵站报警信号采用专门的集成电路报警装置,电源采用交流电源。经多年运行,经常出现故障,虽经多次检修,但仍不太可靠。

综上所述,由于直流电源电路和主电动机控制电路存在缺陷,在失去直流控制电源故障时,主机组超扬程和异步运行,运行管理人员缺乏运行经验未能及时判别故障、正确处理,最终致使故障的扩大。

故障后,对全站设备进行了全面检查,尤其是对直流电源电路和元器件进行检查及检测,并对中央报警信号系统及主电机控制电路等进行了改造。对 9 台主电动机进行解体检修,其中 7 号、9 号机组主电动机定子绕组回厂进行了更换,并对设备缺陷进行了整改。

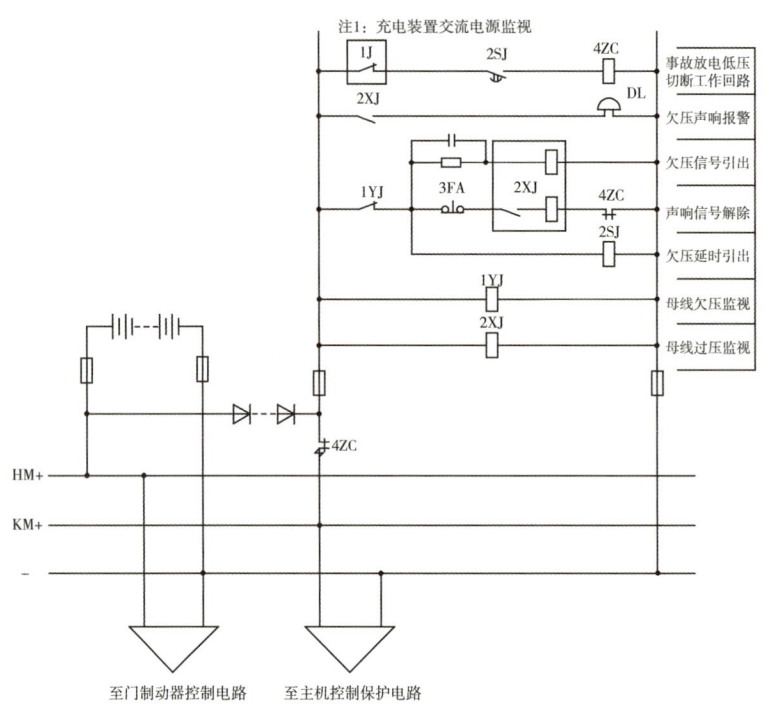

图 2-11　直流系统图

四、主电动机故障预防措施

(一) 主电机定子短路

1. 厂家应按《大型三相同步电动机技术条件　第 2 部分 TL 系列》(JB/T 8667.2—2013)以及招标文件对电机的要求,严格出厂验收标准。

2. 对于主厂房潮湿的泵站,应在主厂房内加设除湿器。

(二) 主电机定子线圈下端部起火

在泵站运行管理方面,应增设 24 h 值班制,并对干燥设备进行巡视、记录。同时,定期对设备进行检查,及时更新老化设备。当发现设备溢油后,应及时清理干净。

(三) 主电机噪声超标

1. 控制电机定子线负荷不超过 380 A/cm,控制电机定子铁芯叠压系数不低于 0.95。同时,选择合适的定、转子槽配合,尽可能采用远槽配合、斜槽方案。

2. 应按《大型三相同步电动机技术条件　第 2 部分 TL 系列》(JB/T 8667.2—2013)以及招标文件对电机噪音的要求,严格出厂验收标准。

3. 有条件时,定子采用斜槽,降低磁密度,选择合适的空气间隙,转子采用斜极等措施,并保证定子铁芯和机座的弹性强度。

4. 主电机内加设阻尼措施。

(四)机组启动困难及超功率

1. 依照《泵站更新改造技术规范》(GB/T 50510—2009),对主水泵的更新改造应满足如下规定:泵型应根据泵站参数复核的结果优化选择;更新改造所采用的新泵型应是技术参数先进、经济指标合理,并通过装置模型试验验收的产品;安装水泵口径 1.6 m 及以上的泵站,若更换泵型或改变进出水流道的结构和形式,在更新改造实施前,应进行装置模型试验。

2. 依照《泵站更新改造技术规范》(GB/T 50510—2009),对主电机的更新改造应满足如下规定:对于扬程变幅大,超过水泵正常工作范围的,可将主电动机改为变速电动机,也可采用变频器或其他调速装置。

3. 依照《泵站设计规范》(GB 50265—2022),泵站主电机的选择应满足以下规定:主电动机的容量应按水泵运行可能出现的最大轴功率选配,并留有一定的储备,储备系数宜为 1.10~1.05。电动机的容量宜选标准系列;主电动机的型号、规格和电气性能等应经过技术经济比较选定;当技术经济条件相近时,电动机额定电压宜优先选用 10 kV。

4. 按《泵站技术管理规程》(GB/T 30948—2021),泵站主电机应定期进行检查、维护和保养。

(五)主电动机碳刷发热、打火

1. 不同材料、工艺制造的碳刷,其性能差距较大。为保障电机正常运行,碳刷选型时,应选择规格大小、额定载流量等参数与电机匹配的碳刷,并留有一定的余量。

2. 尽量使用同一制造厂生产的同一型号的电刷。由于不同制造厂生产的电刷性能差别很大,甚至同一制造厂在不同时间生产的电刷性能也有所差别。因而,针对同一电机来说,应尽量选择同一型号同一制造厂且最好是同一时间生产的电刷,以防止由于电刷性能上的差异造成并联电刷电流分布不平衡,影响电机的正常运行。

3. 保证碳刷压力控制在 15~25 kPa 范围内。保证碳刷和滑环表面的光滑。更换新碳刷时,应对其研磨弧度,有条件时可以在滑环上进行。

(六)主电机运行温度过高

主电机风道的通风量必须满足泵站设计要求。在设计时,必须留有一定的通风余量。

(七)主电机绝缘偏低

泵站运行管理人员可以在泵房加设除湿机。

(八)主电机烧损

1. 泵站直流电源电路和主电动机控制电路必须设计合理。
2. 加强运行管理人员的应急培训工作。

第三节　叶片调节机构故障及排除方法

一、叶片调节机构简介

调节器一般位于电机顶部，与油压装置、接力器、操作油管组成叶片调节系统。调节器主要由受油器、配压阀、操作机构等三部分组成。调节器底座内装有固定集油盆，它与调节器转动部分组成梳齿迷宫环密封装置，使受油器的漏油不致流入电动机内，而直接由集油盆的回油管流入集油箱。

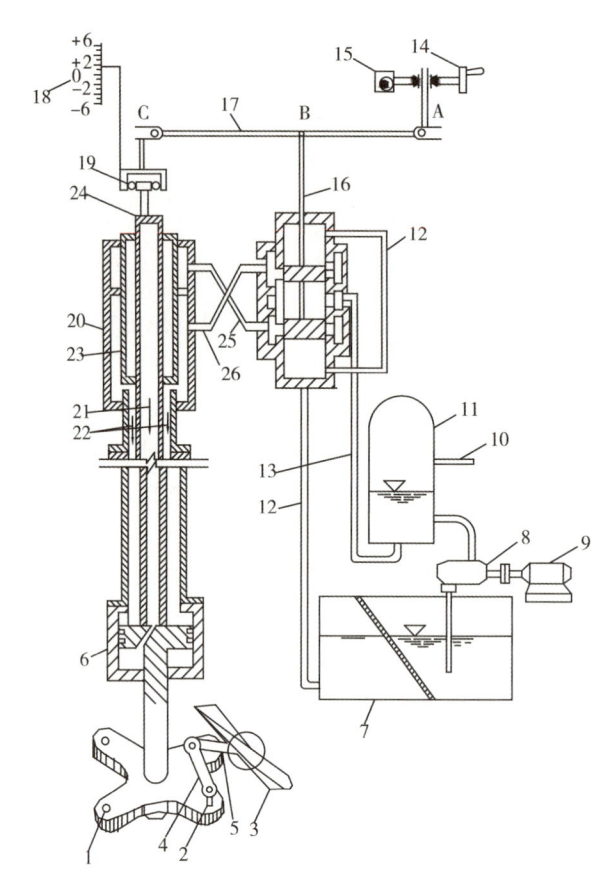

1—操作架；2—耳柄；3—叶片；4—连杆；5—转臂；6—接力器活塞；7—油箱；8—油泵；9—电动机；10—压缩空气管；11—贮压器；12—回油管；13—进油管；14—手轮；15—伺服电机；16—配压阀活塞杆；17—回复杆；18—刻度盘叶片角度指示器；19—随动轴换向接头；20—受油器体；21—至活塞下腔；22—至活塞上腔；23—中间隔管；24—上操作油管；25—油至操作油管内腔；26—油至操作油管外腔

图 2-12　叶片调节机构原理示意图

液压调节器机构的工作原理如图 2-12 所示。其调节过程是：贮油器靠油泵充油、压缩空气管加压，使贮油器内经常保持额定压力和一定油位，油泵和空气压缩机根据油位和压力大小能自动开关，当需要将叶片安装角度调大到某一角度时，转动手轮直到刻度盘叶片角度指示器上某一角度位置时停止。这时由于接力器的活塞阻力很大，所以 C 点不动，而配压阀的活塞和阀体之间的阻力很小，故阀杆 B 点和调节杆 A 点一起以回复杆 C 点为支点向下移动。由于配压阀活塞向下移动后，压力油就由配压阀通过内油管进入接力器活塞的下腔，使接力器活塞向上移动，通过操作架和耳柄、连杆、转臂的叶片转动机构，使叶片向正角度方向移动。接力器活塞向上移动时，带动配压阀阀杆 B 点以 A 点为支点向上移动，一直到配压阀活塞恢复到原来位置将油管口堵住，水泵的叶片就固定在调大的安装角位置上运行。

当需要叶片安装角调小时,转动手轮使调节杆 A 点向上移动,由于接力器活塞阻力大,而配压阀活塞阻力小,故阀杆 B 和调节杆 A 一起以回复杆 C 点为支点向上移动,压力油就由配压阀通过外油管进入接力器活塞的上腔,使接力器活塞向下移动。这时便带动阀杆 B 点以 A 点为支点向下移动,一直到配压阀的活塞恢复到原来位置时,水泵的叶片就固定在调小的安装角位置上运行。由此可见,这种调节机构可以在不停机的情况下调节叶片角度,故又被称为叶片运行全调节机构。

二、叶片调节机构故障排除方法实例

(一)受油器密封套烧损

1. 故障现象
(1)主机组运行过程中,受油器内部突然冒出白色烟气,且产生尖锐、刺耳的金属摩擦声。
(2)密封套及金属密封均有不同程度的烧损痕迹,并且受油器回油盆油液中有明显铜金属碎屑。
2. 原因
(1)受油器密封套与金属密封之间的间隙过小,对安装精度要求高。
(2)运行前,受油器内气体未完全排尽,密封套间隙处润滑不足。
3. 解决方法
对烧损的受油器密封套与金属密封进行表面精磨处理。

(二)受油器轴承损坏

1. 故障现象
(1)调节叶片角度时,受油器发生较大声响。
(2)叶片调节机构失效,无法调节角度。
(3)受油器处轴承严重破损。
(4)上操作油管顶部轴承锁母脱落,上操作油管顶部、锁母的丝牙损坏。
(5)操作杆与上操作油管完全分离。
2. 原因
(1)轴承质量有问题。
(2)受油器摆度、垂直度不符合要求。
(3)液压油中有金属杂质。
(4)受油器运行前未充分充油。
3. 解决方法
(1)回厂处理。受油器回厂改造,上、下操作油管均回厂处理,将损坏部分切除后重新焊接、加工,并以此为基准加工四套分半法兰。
(2)受油器及叶片调节机构改造。将原有上操作油管改为上下两段式,分段部位在受油器设备内部,受油器设备及操作油管需要检修或更换时,只需更换上段部分即可。
(3)对控制柜进行改造,为确保运行安全,在接力器活塞加装上、下机械限位,使其叶角角度调整范围在 $-7°\sim+7°$。

(三)叶调机构进水

1. 故障现象
(1)叶调机构的油箱底部有大量积水现象。
(2)叶调机构的回油箱及漏油箱底部均有大量泥污。

2. 原因

(1) 主油箱(叶调室)冷却器水管漏水导致水流进入叶调系统内部。

(2) 浇筑在混凝土内部的一段漏油管存在沙眼，且混凝土存在裂缝，水从流道通过裂缝进入漏油管。

(3) 机组叶轮内部或者与大轴连接部位密封失效，流道内水进入叶调活塞腔体，叶角变化时随油带出。

原因(1)(2)(3)为可能原因，经排查为第(3)条。

3. 解决方法

采用关闭进水管和封堵保压的方式，排查并排除原因(1)(2)。对原因(3)处理方法：选用同规格质量较好的耐油橡胶密封。

（四）叶调机构溢油

1. 故障现象

主机组运行过程中，叶调机构出现溢油现象。

2. 原因

受上下游水位影响，并且船闸开启频繁，机组振动加剧，叶调机构浮动环与内管磨损，导致其间隙增大，造成漏油量增大，无法及时排到回油箱，发生溢油现象。

3. 解决方法

对浮动密封环和内管更换处理。

（五）叶调机构小轴断裂

1. 故障现象

(1) 主机组运行时，叶片角度掉至最低角度且无法调节。

(2) 叶片调节受油器机构上轴杆小轴与底盘发生断裂。

2. 原因

(1) 叶调机构的制造焊接和安装质量存在缺陷。

(2) 主机组运行工况差，存在振动大等问题。

3. 解决方法

将叶调机构解体，更换上轴杆小轴。

三、叶片调节机构典型故障案例分析

（一）受油器烧损

国内某大型泵站原受油器(图2-13)主要由受油器本体、滑套、上操作油管及操作机构等组成。滑套(图2-14)为一特殊结构的套筒，装配于上操作油管外。上操作油管由内管、外管组成，并与装于电机与水泵的大轴内操作油管(电机与水泵大轴内操作油管为两段)连接；操作油管分内外腔(图2-15)，上方与上操作油管连接，下方与叶轮活塞连接，操作油管内腔与活塞下腔相通，操作油管的外腔与活塞上腔相通。

叶调机构运行时上操作油管随水泵转动，叶片角度调节时滑套需上下滑动，因此受油器本体与滑套之间、滑套与上操作油管之间均采用依靠间隙配合的金属密封，通常滑套由磷青铜制作而成，操作油管由45号钢制作而成，间隙配合应满足运行时润滑与密封功能。操作机构由手动操作机构、电动操作机构、叶片角度指示以及限位器等组成，用于调节滑套以实现水泵叶片角度的调节。

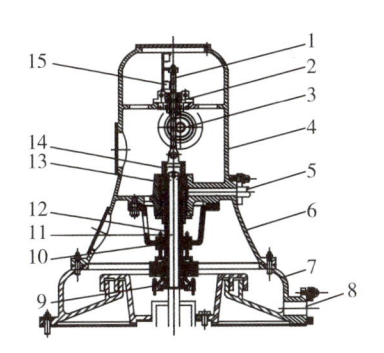

1—调节螺杆;2—手动操作机构;3—电动操作机构;4—外壳;5—进油口;6—本体;7—底座;8—排油口;9—下密封;10—上密封;11—内管;12—外管;13—衬套;14—滑套;15—限位开关

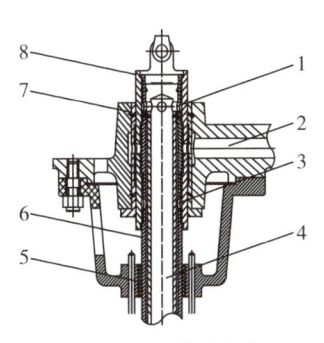

图 2-13　原受油器结构图

1—内腔进油口;2—进油口;3—外腔进油口;4—内管;5—密封;6—外管;7—衬套;8—滑套

图 2-14　原受油器滑套结构图

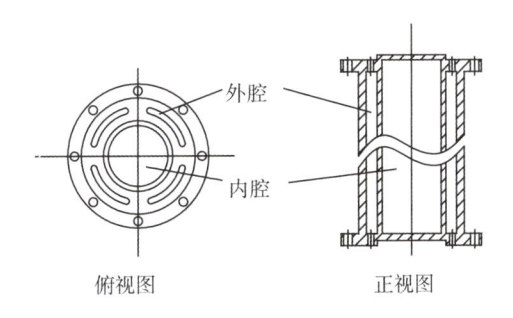

图 2-15　操作油管结构图

该站建成以来受油器滑套与外管的烧损达6次以上,叶片角度难以保持的现象时有发生。据不完全统计,该站还发生过40次以上因间隙过大造成的溢油现象。操作油管采用内外腔结构,结构复杂,制作加工困难,操作油管连接处密封易损坏,据统计,该站操作油管密封的损坏和开裂故障至少在3次。

原受油器结构简单,使用操作简便,由滑套的位置即可完成叶片角度的调节和实现叶片角度的自动保持,但滑套与上操作油管外管之间既有分配压力油功能又有密封要求,因此对滑套与上操作油管外管之间间隙配合要求很高。运行时,上操作油管随水泵叶轮转动,滑套与外管之间的间隙应满足润滑油膜形成的条件,间隙过小可能导致滑套与外管之间过热而烧损。通常其配合尺寸单边不应小于0.02 mm。由受油器的结构可知,为了满足叶片角度调节的需要,滑套与外管之间的密封不可能做得足够的长,密封效果相对较差。运行时滑套与外管之间直接承受油压力,其间隙又不能过大,根据经验,其配合尺寸单边不宜大于0.05 mm,否则若压力油渗漏过大,会使叶片角度保持困难,供油量增大,严重时会导致排油不及时,导致溢油。因此,受油器对滑套与外管之间加工间隙的配合、椭圆度及安装时的水平垂直度和同心度等要求很高。

根据运行实践,该站原受油器由于椭圆度、垂直度、间隙配合、结构缺陷等原因造成溢油、漏油等故障。

该站更新改造后受油器结构见图2-16。改造后所采用的受油器主要由其本体、上操作油管、电磁阀组及操作机构组成。改造后所采用的受油器在结构上作了优化改进。受油器外形结构采用单一缸体形式,内部部件为组装形式,密封为浮动环与浮动环体的平面密封,电磁阀组及操作机构等采用了板式数字阀的安装方式,结构紧凑。受油器外部采用了外罩布置。

(二) 叶片调节机构进水

国内某大型泵站采用竖井式贯流泵、液压调节,已累计安全运行超8年时间,各台机组运行基本均达8 000台时以上。其中,3号机组已累计运行11 141台时。

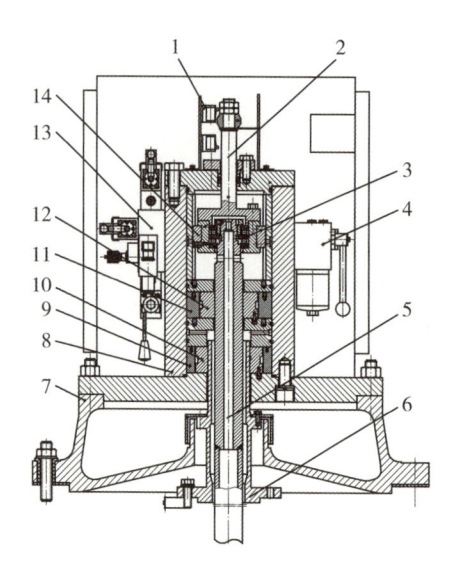

1—限位开关；2—上轴杆；3—轴承；4—滤油器；5—内管；6—外管；7—底座；8—缸体；9—浮动套；10—浮动密封环；11—浮动套；12—浮动密封环；13—电磁阀组；14—限位键

图 2-16　改造后的受油器结构图

该站机组叶片调节装置为天津天骄生产的液压调节装置，每台机组均设置了 1 个调节器（步进电机带动引导阀及主配的结构），全站设置 2 套油压装置，即 1、2 号机组共享 1 号油压装置，3、4 号机组共享 2 号油压装置。机组叶片调节油系统如图 2-17 所示。

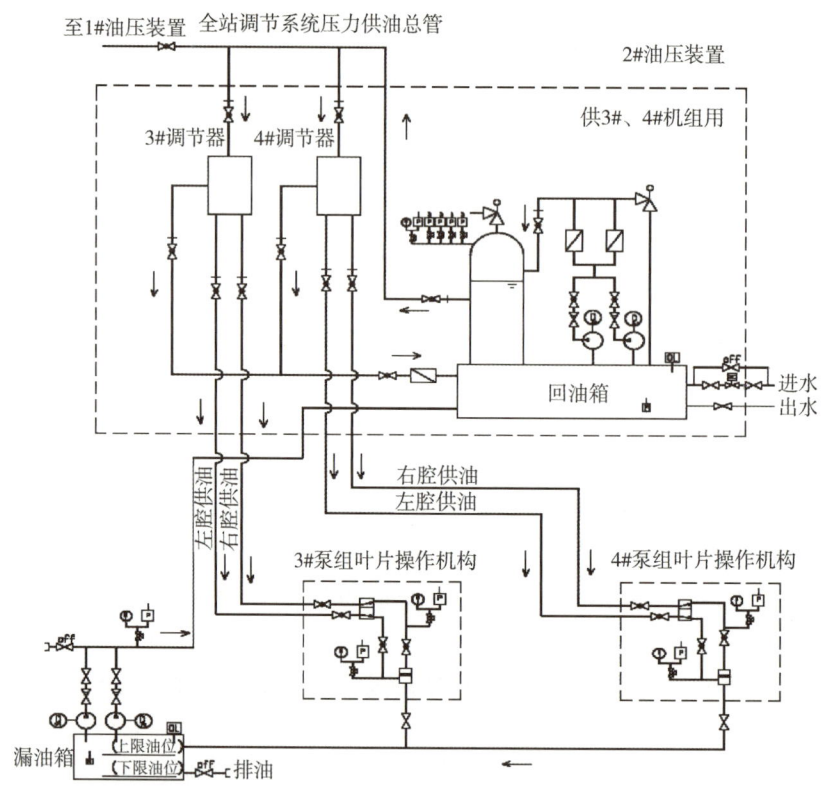

图 2-17　机组叶片调节油系统图

某次调水中，现场管理单位发现 2 号漏油箱液位明显上涨，检查发现油箱底部有大量积水现象，为保障调水正常开展，现场单位每隔 2 个星期对 2 号叶调漏油箱进行 1 次放水处理，如图 2-18 所示。

图 2-18　2 号漏油箱箱底排放积水

维修人员对 2 号回油箱及漏油箱内液压油进行过滤,检查清理发现回油箱及漏油箱底部均有大量泥污,如图 2-19 所示。

图 2-19　2 号回油箱、漏油箱底部泥污

为查找渗水来源,管理人员利用年度调水运行的开机运行机会,逐步分析排除。首先根据叶调系统设备情况,分析可能的漏水源主要有 3 个位置:

(1) 主油箱(叶调室)冷却器水管漏水导致水流进入叶调系统内部;

(2) 浇筑在混凝土内部的一段漏油管存在砂眼,且混凝土存在裂缝,水从流道通过裂缝进入漏油管;

(3) 机组叶轮内部或者与大轴连接部位密封失效,流道内水进入叶调活塞腔体,叶角变化时随油带出。

针对上述第(1)种可能,现场单位采用关闭进水管的方法进行对比观察,排除了漏水可能。对于第(2)种可能,停机后采用封堵保压的方式进行了检测,排除了可能性。因此可以判断,渗水原因为上述第(3)种可能。

因 3、4 号机组共享一个漏油箱,为找出是哪一台机组漏水,第一阶段调水运行中只开启 3 号机组,同时用密封垫将 4 号机组的回油管道进行封堵,运行一段时间后发现 2 号漏油箱底部仍有积水。第二阶段调水运行中只开启 4 号机组,同样用密封垫将 3 号机组的回油管道进行封堵,运行后发现 2 号漏油箱底部没有积水,因此初步判断 2 号漏油箱底部积水是由于 3 号机组内部渗水导致。

针对上述判断,该站实施了 3 号机组大修项目。通过对水泵解体后的各连接部位密封检查发现,主轴与叶轮头之间的一个环形密封与其他密封相比,明显硬化失效,且密封内侧活塞腔体(加工面)存在明显锈蚀现象,如图 2-20 所示。正常活塞腔体是浸满液压油,初步判定为此处密封失效,在机组停机倒转瞬间,叶片受力致使腔体产生负压,将流道内水吸入叶调活塞腔内,导致叶调系统进水故障。

图 2-20　3 号机组泵轴法兰锈蚀严重

根据故障原因分析,选用同规格质量较好的耐油橡胶密封,并在大修期间进行更换。

四、叶片调节机构故障预防措施

(一)受油器密封套烧损

1. 改进受油器配油方式,建议采用间配方式。根据上操作油管与受油器本体密封承受油压方式,受油器的配油方式可分为直配方式和间配方式。受油器配压由电磁阀通过控制系统完成,上操作油管与受油器本体间不直接承受油压,为间配方式。

2. 改进受油器密封结构形式,建议采用受油器带浮动铜套的密封结构。受油器密封经重新设计,密封铜套改为浮动结构,进一步降低了间隙配合及安装精度要求,提高了运行的可靠性。

3. 改进受油器的结构型式,建议采用单一缸体形式。受油器本体为单一缸体形式,制作加工便利,安装方便,结构简洁,外壳可采用罩壳布置,外形美观。

4. 改进操作油管结构形式,建议采用单一管道结构形式。受油器操作油管采用单一管道,易于加工,密封可靠,不易损坏,但对电机、水泵轴连接处密封要求提高,根据安装经验,在设计和安装时注意密封要求即可解决。

5. 依照《泵站设备安装及验收规范》(SL 317—2015),受油器的安装应满足以下规定:
(1) 受油器体水平偏差,在受油器底座的平面上测量不应大于 0.04 mm/m;
(2) 受油器底座与上操作油管(外管)同轴度偏差,不应大于 0.04 mm;
(3) 受油器体上各油封轴承的同轴度偏差,不应大于 0.05 mm;
(4) 操作油管的摆度不应大于 0.04 mm,轴承配合间隙应符合设计要求;
(5) 旋转油盆与受油器底座的挡油环间隙应均匀,且不应小于设计值的 70%;
(6) 受油器对地绝缘,在泵轴不接地情况下测量,不宜小于 0.5 MΩ。

6. 注重油的过滤,开展定期油质检验,尤其防止阀组堵塞。同时,注意运行前对叶片角度进行调试和排气,防止受油器密封烧损和轴承损坏。

(二)受油器轴承损坏

1. 改进受油器结构,将上操作油管改为上下两段式,分段部位在受油器设备内部。
2. 改进受油器密封型式,其本体与上操作油管之间的轴向密封改为浮动环与浮动环体的平面密封。
3. 减少主机组叶调机构非必要调节次数,增加易损件的使用寿命。
4. 严格控制叶片调节机构轴承的质量。
5. 提高叶调机构安装质量,使得受油器摆度、垂直度符合要求。

(三)叶调机构进水

1. 选用成品耐油橡胶密封,并在法兰连接处再增加一道平面密封。
2. 根据使用环境,选用同规格质量较好的成品耐油橡胶密封;
3. 安装时注意工艺要求。圆形橡胶绳密封压缩量适度,不能太多,也不能太少;密封件采用"O"型圈;
4. 根据《泵站安装及验收规范》SL 317—2015 相关要求,装配后严格进行严密性耐压试验。

(四)叶调机构溢油

泵站机组运行一定时长后,运行人员应定期检查或更换浮动密封环和内管。

(五)叶调机构小轴断裂

管理方面,加强巡视,使机组在最佳工况运行,避免机组长时间振动过大,提高叶调机构制造、焊接和安装质量。

第四节　轴承故障及排除方法

一、轴承简介

大型泵站轴承类型较多。立式水泵有水润滑轴承、稀油润滑轴承,电动机为稀油润滑轴承。卧式机组和贯流机组水泵径向轴承有稀油润滑或油脂润滑,推力轴承一般为稀油润滑,电动机径向轴承为稀油润滑或油脂润滑。推力轴承、径向轴承结构形式有滑动轴承和滚动轴承。水泵滑动轴承油润滑轴承通常为巴氏合金,水润滑轴承种类较多,常用的有弹性金属塑料、聚氨酯、橡胶、弹塑合金(研龙、赛龙品牌)等。

水泵导轴承设置在导叶体中间,弯管式轴流泵在 60°弯管上还设置了上导向轴承。设置水泵导轴承是为了承受水泵轴上的径向荷载。径向荷载主要由水泵水力不平衡、电动机的磁拉力不平衡、机械动不平衡等原因引起。

图 2-21(a)为立式机组推力轴承结构。卧式机组推力轴承通常为推力、径向组合滚动轴承,如图 2-21(b)所示。

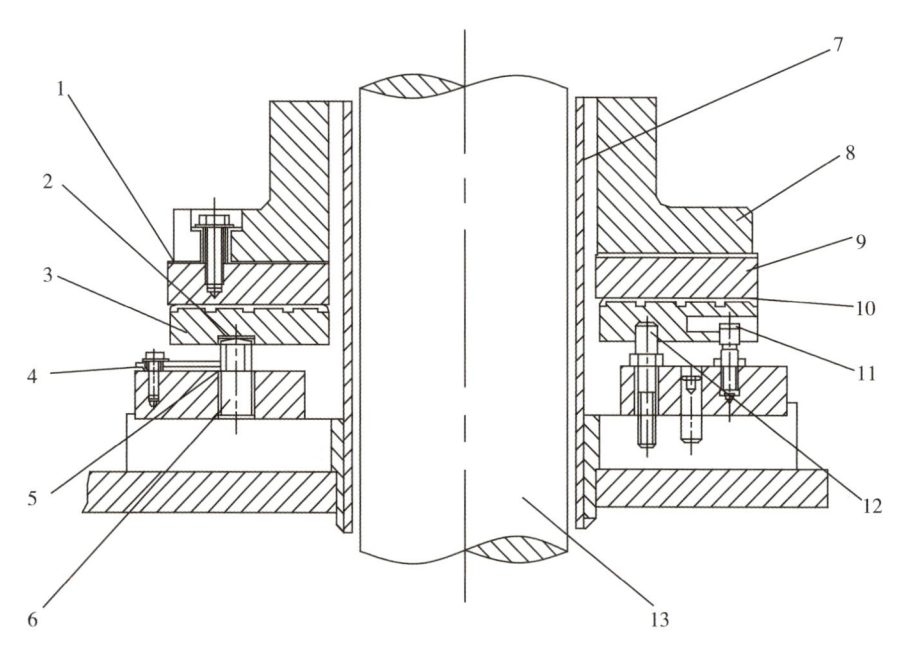

(a) 立式机组推力轴承结构图
1—绝缘垫；2—衬垫；3—推力瓦；4—锁片螺栓；5—锁片；6—抗重螺栓；7—拦油筒；
8—推力头；9—镜板；10—锡基轴承合金；11、12—限位螺栓；13—电机轴

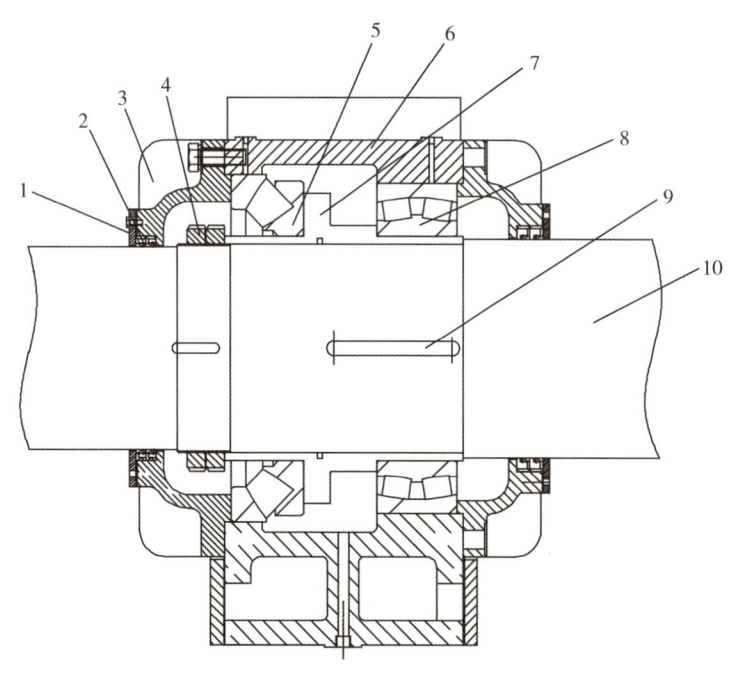

(b) 卧式机组推力/径向轴承部件结构图
1—油封；2—压盖；3—轴承盖；4—螺母；5—球面滚子推力轴承；
6—轴承体；7—轴承衬套；8—球面滚子径向轴承；9—键；10—泵轴

图 2-21 电动机推力轴承结构图

二、轴承故障排除方法实例

(一) 金属推力瓦烧损

1. 故障现象

(1) 轴向位移偏大,并且推力瓦钨金温度以及轴承回油温度异常升高。

(2) 推力瓦的瓦面存在明显的烧损熔坑。

(3) 机组振动强烈,推力瓦冒烟。

2. 原因

(1) 机械原因

推力头与大轴轴颈因制造质量缺陷或经长期运行和多次拆装等使其配合过松;

推力头镜板或绝缘垫加工精度不足和经多次研刮等致其不平,挠度过大;

推力瓦承重孔制造直径偏大;

推力瓦抗重螺丝加工精度过低及抗重螺栓焊接不牢。

(2) 运行条件改变

排涝期间,泵站拦污栅水草杂物堆积比较严重,如果进水侧拦污栅堵塞未及时清除,过栅水头差变大,导致泵站扬程增加,引发进水流态紊乱,增大轴向水推力,进而增加推力瓦的工作荷载。

(3) 推力瓦比压过大

如果推力瓦比压过大,则其安全承重系数会相应较小。设备磨损、变形等会使推力瓦承载能力减小,运行工况发生改变使推力瓦承载力加大,超过推力瓦的实际承重能力,最终导致推力瓦发生烧损。

3. 解决方法

(1) 推力头内孔间隙过大,抗重螺栓有明显松动,进行镀铜处理。

(2) 镜板、绝缘垫选用精磨加工,进行检修时发现摆度过大,建议替换绝缘垫,而非在原绝缘垫处理。

(3) 选用弹性金属塑料推力瓦,其单位承载力比金属瓦大 30%～50%,具有使用寿命长、不需研磨、安装检修时盘车力矩小等优点。

(二) 弹性金属塑料推力瓦烧损

1. 弹性金属塑料瓦与金属瓦性能对比

弹性金属塑料瓦相比金属瓦,具有不需研刮、力矩小、受压大以及不顶转子(30 d 内)等优点,详见表 2-1。

表 2-1 弹性金属塑料瓦与金属瓦性能对比表

内容	弹性金属塑料瓦	巴氏合金瓦
安装时瓦面研刮	不需研刮	需研刮
安装时盘车	力矩小,只需抹透平油	力矩大,须抹动物油
常用平均压力	4～7 MPa	3～5.5 MPa
平均单位压力限制	11 MPa	7 MPa
长时间停机后启动	30 d 内可不顶转子	7～10 d 后必须顶转子
使用寿命	年运行 6 000 h,启停 500 次,寿命 40 年	无明确规定,正常可使用几十年

2. 故障现象

(1) 主机组运行时,弹性金属塑料推力瓦的温度偏高,达到 43 ℃,并有上升的趋势。

(2) 主机组停机后,弹性金属塑料推力瓦的温度继续上升至 45 ℃。

(3) 下油缸油质变质,含有塑料成分,呈浑浊状,并有少量焊锡,油面漂浮着灰色泡沫。
(4) 弹性金属塑料推力瓦的瓦基焊锡已全部熔化。

3. 原因

(1) 弹性金属塑料推力瓦制造质量差。
(2) 弹性金属塑料推力瓦的油膜被破坏。

4. 解决方法

(1) 更换质量合格的弹性金属塑料推力瓦及透平油。
(2) 对原推力头镜板进行精磨抛光处理。

(三) 弹性金属塑料导轴瓦温度过高

1. 故障现象

国内某大型立式轴流泵站主机组运行时,3台主电动机的上、下导轴瓦温度偏高,高达51℃,并有上升趋势。

2. 原因

(1) 轴瓦间隙过小

轴瓦间隙过小,造成轴颈和金属塑料瓦局部干磨。电机导瓦间隙一般为:上导轴瓦0.07~0.08 mm,下导轴瓦0.08~0.10 mm。考虑塑料瓦弹性变形的影响,上导轴瓦放大至0.1 mm,下导轴瓦放大至0.12 mm,但是此间隙仍旧偏小。

(2) 轴瓦油面淹没深度不足

轴瓦油面淹没深度不足,不能产生有效的润滑。机组一旦进入运行,油面呈抛物线分布,导致轴瓦淹没深度不足(图2-22)。

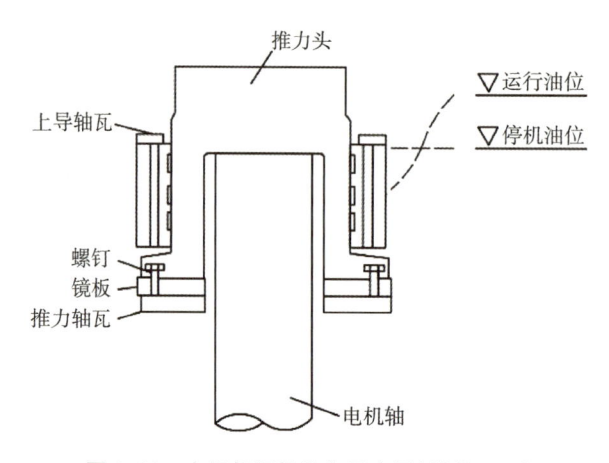

图2-22 上机架运行油位示意图(单位:mm)

(3) 轴瓦无进油边。
(4) 供水母管断水,导致上导轴瓦温度偏大。

3. 解决方法

(1) 重新调整主电机的上、下导轴瓦间隙。
(2) 加刮主电机的上、下导轴瓦进油边。
(3) 更换其他材质的导轴瓦,如金属瓦等。

(四) 轴承异响

1. 故障现象

某大型竖井贯流泵站主机组运行过程中,3号电机发出异常声响。

2. 原因

电机制造存在缺陷,定子、转子的位置存在偏离,尤其是非驱动端轴承滚柱与轴承内圈偏离约 19 mm,如图 2-23 所示。

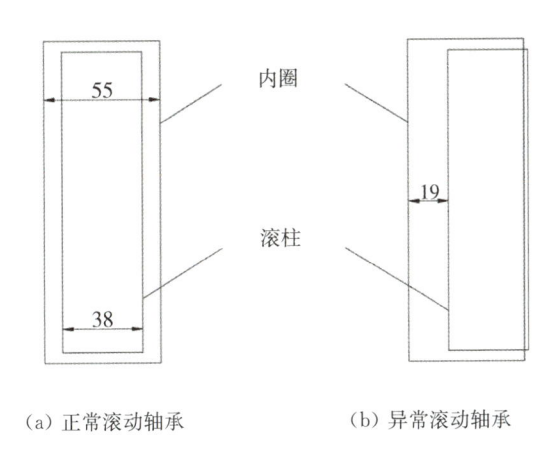

(a) 正常滚动轴承　　(b) 异常滚动轴承

图 2-23　滚动轴承示意图(单位:mm)

3. 解决方法

(1) 根据《泵站技术管理规程》(GB/T 30948—2021)的检修要求,对电机进行分解检查,对轴承绝缘、导轴承间隙及推力瓦水平进行测量,对定子和转子进行检查等。

(2) 按照《泵站设备安装及验收规范》(SL 317—2015)对轴承的规范,对 1 号电机纠正轴向偏离,电机回厂重新配制两侧端盖,并更换电机两端轴承。

(五) 水泵弹性金属塑料导轴承磨损严重

1. 故障现象

水导轴承间隙和水导轴颈磨损量均较大,超出设计标准要求。

2. 原因

水体中泥沙含量相对较大,沙子进入导轴承内,容易造成磨损。

3. 解决方法

对水导轴承进行改造,由弹性金属塑料更换为研龙 hAWF 材质,其材质相较弹性塑料更软一些,耐磨性更好。

4. 经验教训

弹性金属塑料导轴承不适用于水体含沙量较大的泵站。

(六) 水泵导轴承瓦衬老化

1. 故障现象

(1) 主机组运行过程中,出现异常振动,并发出声响。

(2) 水泵导轴承磨损严重,间隙异常。

(3) 导轴承表面聚氨酯局部出现脱落现象。

(4) 泵轴及叶轮外壳出现磨损现象。

2. 原因

水泵导轴承产品质量较差,达不到应有的使用年限。

3. 解决方法

对水导轴承进行改造,更换为质量优良的轴承。

(七) 水导轴颈偏磨、锈蚀

1. 故障现象

(1) 水导轴颈偏磨、锈蚀严重。

(2) 水导弹性金属塑料轴承磨损严重,表面存在明显可见的镶嵌铜丝。

2. 原因

(1) 轴颈堆焊材料不符合规定要求。

(2) 泵轴安装精度不达标,具有一定挠度,运行时易发生磨损。

(3) 安装质量不合格,摆度不符合要求。

(4) 弹性金属塑料瓦不适用于河水泥沙含量较大的泵站。

3. 解决方法

(1) 泵轴返厂维修,对轴颈按照原图纸工艺与材料要求进行重新加工。

(2) 加长轴颈长度,增大承载面积。

(3) 水导轴承返厂处理,在原轴承壳的基础上采用加拿大赛龙轴瓦材料进行改制,间隙按厂家要求配制加工。

(4) 盘根更换为寿命长、轴颈磨损小、性能更为优越的碳纤维材质。

(八) 推力轴承箱渗油

1. 故障现象

卧式主机组运行过程中,推力轴承箱的回油管出现渗油现象。

2. 原因

(1) 推力轴承安装质量不高。

(2) 检修空间小,缺乏维护。

3. 解决方法

(1) 对机组轴承箱呼吸器进行改造。

(2) 推力轴承箱更换新的密封垫,并在两侧增加 V_D 形橡胶密封。

三、轴承典型故障案例分析

(一) 金属推力瓦烧损

国内某大型泵站主机组改造前电机推力瓦采用巴氏合金推力瓦(简称金属推力瓦,如图 2-24 所示),其设计承载力为 3.2 MPa,正常运行时承载力为 2.6 MPa。

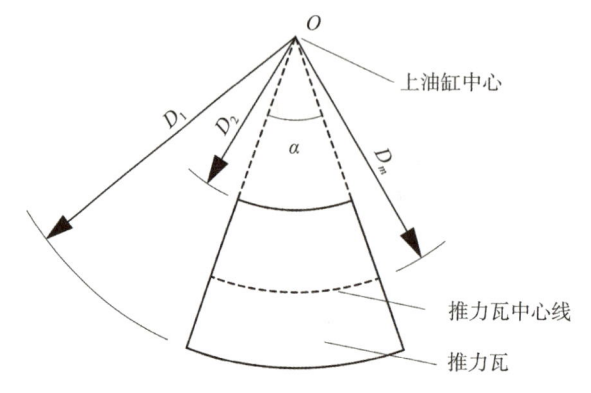

图 2-24 金属推力瓦示意图

该站(简称 D 站,与 A、B、C 站构成水利枢纽)自建成投入安全运用 10 年间,累计发生电机金属推力瓦烧损故障达 13 次之多,且大部分发生在排涝季节,给该工程效益的发挥带来严重影响。

1. 机械原因(常见原因)

(1) 推力头与大轴轴颈制造质量缺陷或经长期运行和多次拆装等使其配合过松。

(2) 推力头镜板或绝缘垫加工精度不足和经多次研刮等致其不平,挠度过大。

(3) 推力瓦承重孔因制造质量缺陷,直径偏大。

(4) 推力瓦抗重螺丝加工精度过低及抗重螺栓焊接不牢。

2. 运行条件的改变

D 站原无清污机,相关水体河道水草杂物逐年增多,排涝期间下游拦污栅水草杂物堆积严重,最大落差高达 2 m,导致扬程增大,进水流态紊乱。

3. 推力瓦比压过大

从表 2-2 不难看出,D 站推力瓦比压最大。推力瓦单位面积承重设计为 3.2 MPa,D 站实际正常使用已达 2.6 MPa,相比较其他泵站,D 站推力瓦安全承重系数较小。

表 2-2 机组推力瓦承重情况表

	推力瓦面积/cm²		总重量/kg	荷载/MPa		镜板外径/cm	备注
	毛	净		毛	净		
A、B 站	1 830.00	1 460.56	290 920.0	1.590	1.992	600	
C 站(新)		3 042.00	47 746.0		1.570	790	原面积 73.4%
C 站(原)	4 442.50	4 142.50	52 746.0	1.187	1.273	900	
D 站	4 442.50	4 142.50	107 725.1	2.425	2.600	900	

综上原因,设备磨损、变形等使推力瓦承载能力减小,运行工况发生改变使推力瓦承载力加大,超过推力瓦的实际承重能力,最终导致推力瓦易于发生烧损故障。

对此,可通过以下方法解决:推力头内孔间隙过大,抗重螺栓有明显松动,进行镀铜处理;镜板、绝缘垫选用精磨加工,检修时发现摆度过大,建议替换绝缘垫,而非处理原绝缘垫;弹性金属塑料推力瓦(以下简称塑料推力瓦)单位承载力比金属瓦大 30%~50%,具有使用寿命长,不需研磨,安装检修时盘车力矩小等优点,且可在原机组上直接使用,无需改造。在反复调查研究的基础上,将 D 站 7 号机组的巴氏合金轴瓦更换成塑料推力瓦,其荷载承重能力明显优于金属推力瓦。更换塑料推力瓦后,有效地解决了金属推力瓦的烧损问题。

(二) 弹性金属塑料推力瓦烧损

国内某大型泵站主机组改造前后均采用上海电机厂生产的立式同步电动机。其中主电机推力瓦采用金属推力瓦,后更换为塑料推力瓦(如图 2-25 所示)。

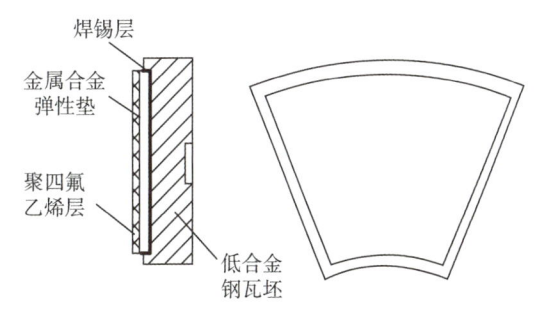

图 2-25 弹性金属塑料推力瓦结构图

该站 7 号机组首次使用塑料推力瓦后,随后相继在 6 号机组和 2 号机组上推广使用塑料推力瓦。某

日,2号机组在试机中发生了塑料推力瓦烧损故障,具体情况如下:

2号机组检修结束后试机,运行参数:扬程5.82 m,叶片角度−2°,运行3.5 h后,2号机组推力瓦温度最高为28 ℃。2号机组投入正式运行,15.5 h后推力瓦温度达40 ℃,手动跳闸。次日再次试运行,0.5h后推力瓦温升至43 ℃,停机后温度继续上升至45 ℃。三次运行主要技术参数见表2-3。而在同样条件下使用塑料推力瓦的6号、7号机组,最高温度仅为28 ℃。

表2-3　三次运行技术参数

开停运时间	记录时间	扬程/m	角度/°	功率/kW	推力瓦温/℃	上导瓦温/℃	上油缸温/℃	下导瓦温/℃	下油缸温/℃
1月10日	原始				14	14	14	14	14
10日18:42启动	20:00	5.62	−4.0	1 690	26	37	22	29	21
11日01:12停机	22:00	5.96	−4.0	1 826	28	39	23	30	23
	24:00	5.87	−2.0	2 110	28	40	23	30	23
1月16日	原始				14	14	14	14	14
16日08:43启动	10:00	5.81	−2.0	2 174	26	37	22	29	23
17日00:10停机	12:00	5.69	−2.0	2 116	27	39	22	29	24
	14:00	4.69	−1.7	1 976	27	39	22	30	24
	16:00	5.03	−1.7	2 032	27	39	23	30	24
	18:00	6.04	−1.7	2 241	28	40	23	30	24
	20:00	6.30	−1.7	2 298	29	40	23	30	24
	22:00	6.62	−1.7	2 365	34	40	24	30	24
	24:00	6.68	−1.7	2 393	37	42	29	30	24
	00:10	6.70	−1.7		40	44	31	30	24
	00:15				42				
1月17日	原始				15	15	15	15	15
17日09:15启动	09:44	6.72	−6.0		43				
17日09:44停机	09:49				45				

打开2号机组上油缸盖,油面漂浮着灰色泡沫;在上导轴瓦及上导轴瓦架的上部发现熔化的焊锡;检查发现油质已明显变化,含有塑料成分,呈浑浊状,并有少量焊锡;推力瓦基座温度约在40~50 ℃,推力头镜板温度明显高于推力瓦,约在80 ℃以上。拔出推力头,检查8块推力瓦。瓦基焊锡已全部熔化;瓦面在进油端有焊锡堆积,瓦面有少量熔化锡片,但瓦面平整光滑,有少量拉痕,无明显烧损迹象;推力头镜板表面正常。根据焊锡熔化,推力瓦、推力头镜板表面温度以及油内含塑料物质等现象,可以判断塑料推力瓦存在过热烧损现象。

根据3台已使用塑料推力瓦的机组安装经验来看,2号机组采用推力瓦调整机组水平时,明显比6号、7号机组推力瓦抗重螺栓的调整力小,调整幅度明显较大,盘车力也较大,初步推断瓦面绵软,硬度不够。后经厂家认定主要原因为,塑料推力瓦瓦面研磨量小,光洁度不够。故障发生后经过测量,塑料推力瓦聚四氟乙烯层仍达2 mm厚(厂家要求厚度应为1.5 mm)。综上所述,故障时所使用的塑料推力瓦与6号、7号机组及后来2号机组使用的新瓦存在明显差异,由此可以认为该站塑料推力瓦烧损为推力瓦质量差异所致。

塑料推力瓦质量差使油膜形成条件遭到破坏,摩擦系数变大及自润滑性能变差,使推力瓦温度缓慢升高。当推力瓦面聚四氟乙烯层温度达232 ℃以上时,塑料推力瓦焊锡开始熔化,熔化的焊锡进入润滑油,有少量被带入推力瓦进油端,这其中大部分堆积在进油边,而小部分与润滑油一起进入推力头镜板与推力瓦之间。进入的油能形成油膜,减少直接摩擦,而进入的焊锡则会加剧瓦面聚四氟乙烯层的磨损,使塑料沫进入油中造成油的变质,形成恶性循环,温度上升加快。由于在此过程中仅有少量油进入,塑料推力瓦表面也较软,同时停机及时,使塑料推力瓦瓦面仍保持基本光滑,因此无明显划痕和烧损迹象。

(三) 水泵导轴承瓦衬老化

某日某泵站9台机组正在投入运行,运维人员发现其出现异常振动、声响,随即停机进行检查,发现水泵导轴承(如图2-26)磨损严重、间隙异常,导轴承表面聚氨酯局部出现脱落,泵轴及叶轮外壳也出现了磨损现象。

在抢修过程中,5号、6号、1号、2号机组也陆续出现了振动、声响加大的现象,经检查水泵导轴承也出现了类似9号机组导轴承老化损坏现象。导轴承损坏照片如图2-27所示。

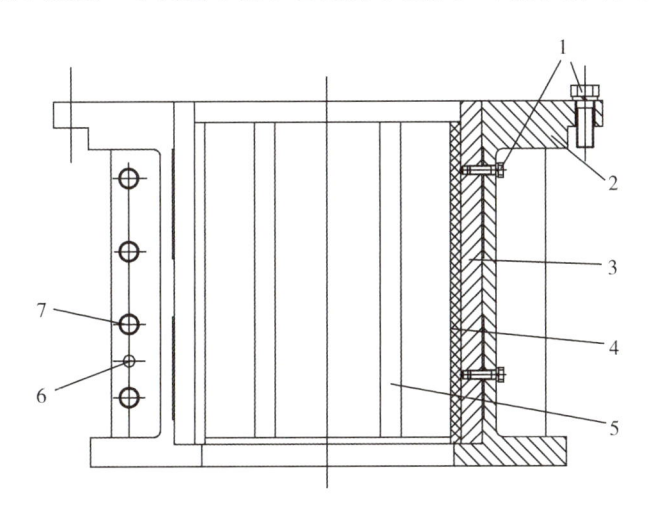

1—螺栓;2—轴承壳;3—轴瓦;4—聚氨酯瓦衬;5—排沙槽;6—销孔;7—螺栓孔

图2-26 水泵导轴承结构图

图2-27 导轴承老化脱落

聚氨酯是一种新型的有机高分子材料,强度高、韧性好,泥沙的抗嵌入性能好,材料使用寿命可达15～20年。基于聚氨酯的优良特性,聚氨酯轴承在大中型泵站得到了广泛的应用。但该泵站聚氨酯轴承仅使用了不到5年时间,且同时出现老化损坏的情况。聚氨酯轴承采用直接在金属半轴套上硫化成型的工艺,其成型工艺简单,但如材料质量和成型工艺控制不好,产品质量则不够稳定。由此,故障原因基本可以确定是聚氨酯轴承产品质量不好,达不到使用年限,产生老化损坏所致。

故障抢修时,仍采用聚氨酯轴承。该站正常运行3年后,轴承再次出现老化、脱落和异常磨损。此轴承平均运行约3 200台时,最少约1 000台时。部分机组曾试用弹性金属塑料轴承,但受到泵站所处水体含沙量过大的影响,轴承磨损严重,因此仍更换为聚氨酯轴承,后来逐步更换为日本KTT公司生产的橡胶轴承,目前为止再未发生过此类故障。

四、轴承故障预防措施

(一) 金属推力瓦烧损

1. 设计选型方面

(1) 无论是新建泵站还是更新改造泵站,均应开展推力瓦荷载计算,保留负荷裕度,防止推力瓦发生过载和过热。

(2) 建议厂家在设计时,提出单位承重的最高要求。

(3) 可采用弹性金属塑料瓦设计方案,同时也有单位承重的要求。

2. 立式机组安装

(1) 推力瓦调水平

推力瓦一旦不平，承受的荷载会快速增加（推力瓦两边每差 0.1～0.2 mm，其荷载增加 30％～40％）。推力瓦调水平即使镜板处于水平位置，电机轴达到铅垂状态。调平中如有困难应考虑存在以下问题：

① 推力瓦的限位螺丝不在中间，偏高或偏低时，推力瓦受到阻碍不易调平。
② 推力瓦的抗重螺丝在螺孔中松动。
③ 推力瓦架与上油槽组装时搁置不平或不紧，由此引起其他部位松动。
④ 绝缘垫未精磨加工或绝缘垫经多次研刮产生高低不平。
⑤ 推力头与主轴配合不紧或有松动。
⑥ 卡环厚薄不均。
⑦ 绝缘垫内径与挡油筒相碰，或其他转动部位与固定部位相碰。
⑧ 每盘 3～5 转后，应在推力瓦上再涂一层熟猪油或 3 号通用锂基润滑脂，以防干摩擦时损伤瓦面。
⑨ 水平合格后要及时装上锁定板。

(2) 推力瓦调受力

推力瓦调平后，每块瓦的受力并不均匀，在盘车摆度时将会产生不规则变化，如转到未受力瓦处，主轴下端将向相反方向摆动，再转到受力的推力瓦处，主轴下端向相同方向摆动，尤其在轴较长的机组中，这种反应特别灵敏，甚至摆度在圆周方向成正负间隔，摆度轨迹呈梅花形状。这种没有规律的盘车摆度，将导致无法进行刮垫处理，因此在盘车前一定要做好推力瓦的受力工作。

(3) 复核磁场中心

推力瓦通过调水平、调受力后，根据《泵站设备安装及验收规范》（SL 317—2015）中 3.3.7 第三条的规定，要求定子铁芯中心线宜高于转子磁极中心线，其高出值不应超过定子铁芯有效长度的 -0.15% ～ $+0.5\%$。

(二) 弹性金属塑料推力瓦烧损

1. 依据《泵站更新改造技术规范》（GB/T 50510—2009），弹性金属塑料推力轴瓦摩阻小，不用刮瓦，运行安全性好，其生产运用技术已十分成熟，有条件时宜优先采用。
2. 按《水轮发电机推力轴承弹性金属塑料瓦　技术条件》（JB/T 10180—2014）的要求组织验收。
3. 推力轴瓦瓦面浇铸平顺，无较大气泡、砂粒。
4. 使用塑料推力瓦仍应提高机泵的安装质量，对镜板不平度、挠度、推力头与轴颈的配合，以及摆度、水平、间隙等应按机组安装的技术规范严格掌握。否则安装质量不好，使塑料推力瓦承重荷载加大，仍会造成烧瓦故障。
5. 塑料推力瓦与金属推力瓦使用要求不同，尤其是镜板光洁度、润滑油的纯净度等，应满足其技术要求。
6. 塑料推力瓦聚四氟乙烯层厚度应满足设计要求，一般控制在 1.5 mm。

(三) 弹性金属塑料导轴瓦温度偏高

1. 考虑到弹性金属塑料瓦在生产厂家一次成型，且不能现场进行修刮，和实际轴颈配合较为困难，同时过大的瓦间隙也不利于电机运行，因此建议电机导轴瓦尽量不采用弹性金属塑料材质。
2. 在轴瓦旁边加设挡板，阻断抛物线油面的生成。
3. 按规范和制造厂要求，弹性金属塑料瓦不应修刮表面及侧面。底面承重孔不应重新加工，如发现底面及承重孔不符合要求，应返厂处理。弹性金属塑料瓦的瓦面应采用干净的汽油及布或毛刷清洗，不应用铲刀、锉刀等硬器。
4. 弹性金属塑料推力瓦及导轴瓦安装前外观验收应符合《立式水轮发电机弹性金属塑料推力轴瓦

技术条件》(DL/T 622—2012)中的以下要求：塑料层厚度宜为 1.5～2.5 mm(最终尺寸)；表面应无金属丝裸露、分层及裂纹；瓦的弹性复合层与金属瓦基之间、弹性金属丝层与塑料层之间结合应牢固，周边不应有分层、开裂及脱壳现象；瓦面不应有深度大于 0.05 mm 的间断状加工刀痕，深度大于 0.10 mm、长度超过瓦表面长度 1/4 的划痕或深度大于 0.20mm、长度大于 25mm 的划痕，每块瓦面不允许超过 3 条；瓦面不应有金属夹渣、气孔或斑点；每 100 mm×100 mm 区域内不应有多于 2 个直径大于 2 mm、硬度大于布氏硬度(HBS)30 的非金属异物夹渣；每块瓦的瓦面不应有多于 3 处碰伤或凹坑，每处碰伤或凹坑其深度均应不大于 1 mm，宽度不大于 1 mm，长度不大于 5 mm 或直径不大于 3 mm。

5. 弹性金属塑料瓦表面如有轻微损伤，可用不低于 P1000 金相砂纸包在约 5 cm 方木上，加润滑油后用手工研磨。

6. 弹性金属塑料导轴瓦安装时，轴瓦间隙应按生产厂家的要求，相较于巴氏合金瓦略放大，单边间隙一般至少放大 0.02 mm。瓦间隙调整抱瓦时，适度抱紧，防止弹性变形对间隙的影响。

由使用经验总结，不建议采用弹性金属塑料导轴瓦。若采用该瓦，应有防止运行时油缸润滑油的离心作用使导轴瓦润滑不充分的措施，另外可适当加高油位。

（四）轴承异响

1. 依照《泵站设备安装及验收规范》(SL 317—2015)对轴承的规范，厂家应严格生产电机，满足规范的硬性要求。
2. 运行维护中应该注意加强运行管理，注意观察。
3. 产品验收严格把关，厂家应提供完整的厂内安装数据、音像资料。

（五）水泵弹性金属塑料导轴承磨损严重

1. 根据泵站年运行时间和所处水体水质的影响，应合理选用导轴承的结构形式及其轴承材料。
2. 对于含沙量较大的泵站，应避免选用弹性金属塑料导轴承，建议选用研龙 hAWF、聚氨酯等材质。
3. 按《泵站设备安装及验收规范》(SL 317—2015)及生产厂家安装技术要求和质量标准严格执行，提高安装质量。
4. 加强运行监视，及时发现机组运行异常，避免故障扩大。
5. 增加自动化监控，安装振动、摆度监测装置，及时发现机组不正常现象，准确、迅速处理故障。

（六）水泵导轴承瓦衬老化

1. 根据泵站年运行时间和所处水体水质的影响，合理选用轴承结构形式及轴承材料。
2. 改进泵站机组结构防止振动的产生，尽可能缩短转动部分的长度和提高泵轴直径，减小轴承的受力。
3. 按《泵站设备安装及验收规范》(SL 317—2015)及生产厂家安装技术要求和质量标准严格执行，提高安装质量。
4. 加强运行监视，及时发现机组运行异常，避免故障扩大。
5. 增加自动化监控，安装振动、摆度监测装置，及时发现机组不正常现象，准确、迅速处理故障。

（七）水导轴颈偏磨、锈蚀

1. 轴颈堆焊材料必须符合规定要求，Cr(铬)含量必须符合设计标准 12%～14%的要求。
2. 对于河流含沙量较大的泵站，轴瓦和推力瓦应避免使用弹性金属塑料瓦。
3. 泵轴安装精度及其摆度应满足《泵站设备安装及验收规范》(SL 317—2015)的要求。

(八) 推力轴承箱渗油

改进灯泡贯流泵的结构。在满足机组强度及泵装置水力性能的基础上，适当扩大检修空间。

第五节　齿轮箱故障及排除方法

一、齿轮箱简介

齿轮箱所采用的齿轮传动是实现能量传递的重要传动形式，如图 2-28 所示。对于斜轴伸式泵站、灯泡贯流式机组和竖井贯流式机组而言，电动机所产生的高速力矩必须通过齿轮箱来实现减速、增加力矩。

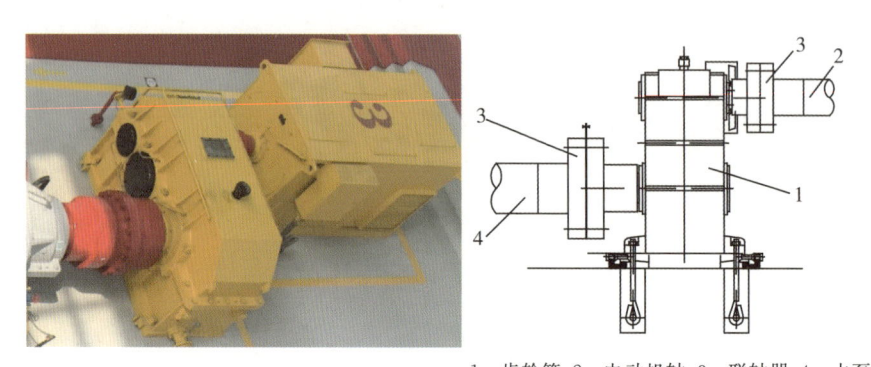

1—齿轮箱；2—电动机轴；3—联轴器；4—水泵轴

图 2-28　齿轮箱

安装方法和流程：以泵轴联轴器为基准，调整齿轮箱轴与泵轴的同心度及轴向位置安装齿轮箱；以安装好齿轮箱联轴器为基准，调整电机与齿轮箱的同心度和轴向位置安装电机。

二、齿轮箱故障排除方法实例

（一）减速箱轴封渗油

1. 故障现象

主机组减速箱高速端存在渗油现象，如图 2-29 所示。

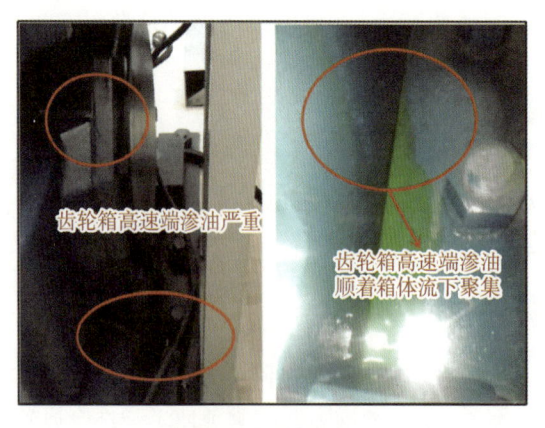

图 2-29　减速箱渗油

2. 原因

减速箱高速端渗油通常为密封失效，其原因主要有：

(1) 轴密封件密封质量差或选型不当，加快了橡胶密封件的老化和磨损；

(2) 热装配联轴器时温度过高损伤了橡胶密封件；

(3) 减速箱长时间运行，造成密封磨损严重。

3. 解决方法

(1) 按照密封件的设计要求，选择规格、型号以及质量可靠的密封件。

(2) 在原有一道密封的基础上多加一道油封。

(3) 装配联轴器时应做好密封的冷却防护。

(二) 齿轮箱运行异响

1. 故障现象

主机组运行时，齿轮箱发出异响。

2. 原因

齿轮箱内部齿轮啮合异常，导致齿轮箱联轴器与泵轴联轴器同轴度偏大，造成端面倾斜度及端面间隙超出规定值。

3. 解决方法

更换齿轮箱损坏部件，并提高安装质量。

三、齿轮箱故障案例分析

(一) 齿轮箱运行异响

国内某大型泵站6号机组齿轮箱运行异常。经分析，该故障发生的原因为内部齿轮啮合异常，需重新调整齿轮箱联轴器与泵轴联轴器同轴度、端面倾斜度及端面间隙，以确保同轴度等符合规范要求。

故障解决措施主要有4个方面，如下。

1. 齿轮箱拆卸。将冷却油管闸阀关闭，齿轮箱上端盖拆开，分别将有损坏的齿轮吊出齿轮箱，运至厂家进行重新加工。

2. 齿轮采购。根据齿轮各项参数，联系有相关生产经验和能力的厂家进行采购，并及时跟踪，确保齿轮的生产质量，满足齿轮箱的使用条件。

3. 齿轮箱的安装。清洗齿轮箱及齿轮，将新加工的齿轮吊入齿轮箱，以安装好的泵轴联轴器为基准，调整齿轮箱轴与泵轴的同心度及轴向位置安装齿轮箱。

4. 电动机安装。以安装好的齿轮箱联轴器为基准，调整电机与齿轮箱的同心度和轴向位置安装电动机。

四、齿轮箱故障预防措施

(一) 齿轮箱轴封渗油

1. 选择合格厂家的产品，并按照产品设计要求选择规格型号和质量可靠的密封件。

2. 齿轮箱轴密封件装配时严格执行工艺要求，防止密封损伤。

(二) 齿轮箱运行异响

1. 根据齿轮箱的各项参数，采购生产质量过关的齿轮箱。

2. 按照《泵站设备安装及验收规范》(SL 317—2015)规定，保证齿轮箱及电动机的安装质量。

第三章

泵站电气设备

大型泵站使用的电气设备包括变压器、GIS 组合电器、高压开关柜、低压开关柜、励磁装置、直流系统、变频装置、无功补偿装置、电气主接线及二次接线和保护装置等,这些设备能保障泵站安全、可靠运行。选择泵站电气设备时,设备必须满足泵机组正常状态下能可靠运行,故障状态下能可靠切除的工作要求。同时,所选设备在保证安全、可靠工作的前提下,应适当留有裕度,力求经济节约。

第一节 变压器故障及排除方法

大型泵站用变压器有主变压器和站用变压器两种,主变压器容量大,一旦发生故障,所需修复时间长,影响大。主变压器通常选用油浸式变压器,站用变压器一般选用干式变压器。

一、变压器简介

变压器是电力系统中极为重要的一种元件,它利用电磁感应的原理来改变交流电压,主要作用是改变电压,进行电能传输或分配。变压器具有远距离输电(升高电压)和电力供给(降低电压)的作用。

变压器主要由器身、油箱、冷却装置、保护装置、出线装置等组成,其中器身包括铁芯、绕组、绝缘套管、调压装置和引线等;油箱包括本体及其附件油枕、闸阀等;冷却装置包括散热器、风扇等;保护装置包括压力释放装置、气体继电器、测温元件、呼吸器等。油浸式变压器结构如图 3-1 所示。

二、变压器故障排除方法实例

(一) 瓦斯报警故障

1. 故障现象
(1) 显示屏轻瓦斯报警并发出报警声响。
(2) 瓦斯继电器轻瓦斯动作、瓦斯继电器内部有气体。
(3) 变压器漏油。
2. 产生原因与解决方法
(1) 原因一:
报警元器件损坏,变压器无故障,属误报警。
解决方法:

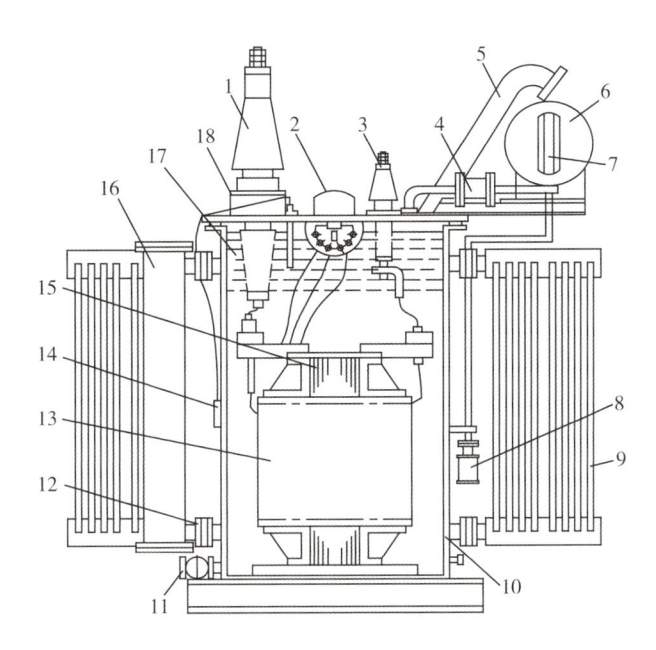

1—高压套管；2—调压开关；3—低压套管；4—气体继电器；5—防爆管；6—油枕；7—油位计；8—呼吸器；9—散热器；10—油箱；11—事故放油阀；12—截止阀；13—绕组；14—温度计；15—铁芯；16—净油器；17—变压器油；18—升高座

图 3-1　油浸式变压器结构图

检查报警变压器运行情况，如果变压器运行正常，则更换损坏的报警元器件，如无备件，可暂时解除故障指示器的信号线，消除误报警。待配件到后及时更换。

（2）原因二：

加油后，没有放尽变压器内空气。

解决方法：

停止该变压器运行，然后将变压器内空气释放，如不能停止运行，则必须做好安全防护措施，在有人监护时进行放气操作。

（3）原因三：

变压器器身与器壳橡胶密封条老化，出现较严重的漏油和空气侵入现象。

解决办法：

将变压器退出运行，更换老化的密封条，放尽变压器内空气。

（4）原因四：

匝间绝缘老化，产生介质性气体。

解决办法：

变压器停止运行，更换或大修变压器。

（5）原因五：

穿越性短路或短时间的强电流冲击，产生少量气体。

解决方法：

放尽变压器内气体，密切注意变压器运行情况，如仍有气体产生，则应检查配电设备是否有故障。

3. 带电放气操作步骤

（1）戴好绝缘手套，穿好绝缘靴，站在绝缘台或垫有绝缘地毯牢固、稳定的高凳上。

（2）用做好绝缘处理的专用扳手，拧开瓦斯继电器放气阀端盖螺丝，翻起端盖。

（3）按下放气阀气帽或用扳手拧松气帽，汽油混合物会迅速释放。

（4）待外溢的物质全部为油时，放开气帽或拧紧气帽。

（5）每间隔 5～10 min，反复数次按第（3）、第（4）步要求操作，直至没有气体溢出。

4．操作注意事项

（1）严格做好安全防范措施。

（2）监护人要思想集中，密切注意操作人员的操作过程，及时提醒操作人员的安全距离，做好应急准备。

（3）及时记录瓦斯继电器再次发出警报的时间间隔，如果报警间隔时间逐次延长，表明异常情况在逐渐减轻，如果报警间隔时间逐次缩短，表示断路器即将跳闸，变压器异常情况越来越严重。

5．介质气体鉴别方法

用干净的大口径无色透明玻璃瓶，收集释放的气体。

（1）无色无味、不可燃烧的气体，为油中析出的空气。

（2）微黄色、不易燃烧的气体，为木质部分有故障。

（3）淡灰色、带强烈臭味、可燃烧的气体，为绝缘材料故障。

（4）灰色或黑色、易燃烧的气体，为油质故障。可能是铁芯故障，或内部发生闪络而引起油的分解。

（二）运行声异常故障

1．异常声响一

（1）故障现象

变压器发出连续均匀、沉重、声音很高的"嗡嗡"声，且油温也在上升，有冲击电流时变压器的声响还会时高时低。

（2）原因

一般情况是由于变压器过负载。

（3）解决方法

查看控制屏上电流表、功率表显示情况，严重时应减少负载。

2．异常声响二

（1）故障现象

变压器发出"哇哇"的声音。

（2）原因

① 有很大的谐波分量（一般有 5 次及以上的奇数谐波）。

② 短时间内大功率设备多台相继起动。

③ 解决方法

检查谐波分量来源，加强变压器巡视，声响严重时需降低负载，延长大功率设备起动间隔时间。

3．异常声响三

（1）故障现象

变压器运行声响增大，并夹有杂音，而电流无明显异常。

（2）原因

① 电网发生单相接地或产生谐振过电压。

② 内部夹件或压紧螺丝松动，使硅钢片振动增大。

（3）解决方法

① 检查电压是否在正常范围，与供电部门联系，协商解决。

② 停止变压器运行，吊芯检查，压紧或消除硅钢片振动现象。

4．异常声响四

（1）故障现象

变压器运行声响中夹有放电的"吱吱"声音。

(2) 原因

可能是变压器器身或套管发生表面局部放电。

(3) 检查方法

在昏暗天气或夜间,关闭所有照明,若发现变压器上有电晕辉光或蓝色、紫色的小火花,则表明该部件绝缘受损,有放电现象。

(4) 解决方法

将变压器退出运行,做好安全工作后,清除套管表面的污垢,再涂上硅油或硅脂等涂料。

5. 异常声响五

(1) 故障现象

变压器经常发出电器接触不良的"噼啪"声。

(2) 原因

变压器内部局部带电部位有放电现象。

(3) 检查方法

将耳朵贴近变压器发生声响部位(最好能借助听音棒)来判别声响的发出情况。

(4) 解决方法

声响严重时,应即刻停止变压器运行,吊芯检查铁芯接地与各带电部位对地的距离是否符合要求,调整距离,消除放电现象。

6. 异常声响六

(1) 故障现象

变压器运行声响中夹有既大又不均匀的爆裂声。

(2) 原因

① 变压器内部绝缘击穿。

② 分接开关接触不良,引起局部连接点严重发热。

(3) 解决方法

应立即转移负载,停止变压器运行,进行吊芯检查修理,增加绝缘强度或更换分接开关。

7. 异常声响七

(1) 故障现象

变压器运行声响中夹有连续的、有规律的撞击或摩擦声。

(2) 原因

可能是变压器某些部件没固定牢固,因铁芯振动而造成机械接触。

(3) 解决方法

加大摩擦部位的间距,固定松动部件的螺丝。

8. 注意事项

(1) 检查异常声响故障时,一定要注意带电部位,严格按电业规定保持安全距离。

(2) 变压器内部的检查和修理,最好请专业单位来实施。

(3) 异常声响的判别,是凭经验和与正常运行声响比较得出的,不一定准确,需结合变压器其他情况综合判断。

(三) 温度异常故障

1. 故障现象

(1) 温度计显示值超过运行标准中规定的允许温度。

(2) 变压器温度明显超过正常值。

(3) 变压器温升超过允许值。

2. 原因及解决办法

(1)原因一：

温度计损坏。

解决办法：

用手背靠近或触摸变压器外壳散热管：手感温热，温度在 40 ℃ 以下；能长时间放置，温度在 40～50 ℃；可短时间放置，温度在 50～70 ℃ 以下；仅能瞬时放置，温度在 80～90 ℃；不能放置，温度在 100 ℃ 以上。如温度显示值明显大于手感温度，则更换温度计。

(2)原因二：

套管连接端子松动，母线或电缆连接螺丝没拧紧造成发热。

解决办法：

停电后，检查套管连接螺丝、母线和电缆连接点，清除发热引起的接触面氧化物，抹涂导电膏或中性凡士林，拧紧螺丝。

(3)原因三：

长时间过负载。

解决办法：

检查电流表和功率表显示值，转移或减少变压器负载。

(4)原因四：

环境温度超过规定值。

解决办法：

当环境温度超过规定值时，变压器可减少负载运行，或采取强排风等冷却措施，降低变压器温度。

(5)原因五：

冷却装置故障。

解决办法：

及时检查和修复冷却装置或增加临时冷却装置。

(6)原因六：

散热器阀门没打开。

解决办法：

查明是散热器阀门没打开后，应将变压器退出运行，待温度降低后，再打开阀门，并放尽因变压器过热产生的气体。

(7)原因七：

漏油引起油量不足。

解决办法：

立即停止变压器运行，待温度下降到环境温度后，加入同标号经过试验合格的变压器油，油位至环境温度相同的油标线。

(8)原因八：

变压器匝间局部短路。

解决办法：

立即停止变压器运行，请专业单位修理。

3. 注意事项

(1)手触摸温度只是估算，最好采用测温仪复验，外表温度比油面温度低 5～7 ℃，油面温度比绕组、铁芯温度低 10～15 ℃。

(2)试验后的变压器油应尽快加入变压器内，干燥天气封闭存放不得超过 72 h，潮湿天气封闭存放不得超过 24 h，过期须再作试验，试验合格才可使用。

(3) 添加变压器油时，油温的温差不能过大，冷热温差过大接触后，会产生气体和水分子凝聚，将大大降低变压器油的绝缘性。

（四）油温、油色异常故障

1. 故障现象

(1) 实际油位低于油位表温度标示线，或看不见油位。

(2) 实际油位高于油位表温度标示线，或有冒油现象。

(3) 油色变深、变混，或有悬浮物出现。

2. 原因

(1) 变压器漏油或放油后没有补充。

(2) 参照温度异常故障原因。

(3) 由于变压器故障引起油变质和损坏绝缘。

3. 解决方法

(1) 无论漏油还是放油没有补充造成看不见油位时，都应立即将变压器退出运行，检查漏油部位，更换或修复漏油部件。

(2) 按实际情况解决，可参照温度异常故障解决方法。

(3) 立即将变压器退出运行，修复变压器内部故障，过滤或更新变压器油。

4. 注意事项

(1) 漏油主要原因是瓷瓶与器身、器身与器壳的连接处密封不良。金属件的焊接处也应格外注意。

(2) 变压器油枕的油位表一般标有$-30\ ℃$，$+20\ ℃$和$+40\ ℃$三条红线，是变压器未投入运行前处于该环境温度时的三个油面标志，根据这三个标志可以初步判断是否需要加油或放油。

（五）不对称运行故障

1. 故障现象

(1) 电流表显示三相电流不一致。

(2) 电压表显示三相电压值差别很大。

(3) 负载及电动机运行声音异常。

2. 原因

(1) 变压器三相负载不平衡。

(2) 变压器二相运行。

3. 解决方法

(1) 检查负载情况，均衡使用三相负载或重新调整负载的装接布局。

(2) 查明缺相原因是变压器内部断相还是控制设备、供电网络缺相，根据不同情况作出不同处理。

4. 缺相检查方法

(1) 观察法。检查控制柜柜面上安装的有电显示器，红灯闪烁表示该相有电，不闪烁表示该相无电。

(2) 比较法。调节电压表相位开关，将各相的电压进行比较，线电压显示值较高的相位为有电，显示值明显低的相位为无电。

(3) 测试法。在变压器两端用与电压匹配的验电笔进行逐相测试，指示器亮度明显、信响器声音响亮，表明该相有电；反之指示灯亮度灰暗，信响声音嘶哑或无声，表明该相无电。用万用表电压档测试各位置安装的电压互感器二次侧，二相电压为 100 V 属正常，明显低于 100 V 或高于 100 V 为不正常。用钳型表逐相测量电流互感器二次侧导线，有电流显示说明该相电源正常，无电流显示表示该相无电源。

5. 可能产生的后果

(1) 变压器不对称运行不仅对变压器本身有一定的伤害，而且因电流的不平衡或电压的不对称会造成负载设备损坏。

(2) 当变压器不对称运行时，其可用容量小于运行中的变压器两相额定容量之和。

(3) 变压器不对称运行将对沿线通信线路产生干扰，电力系统的继电保护工作条件也会受到影响。

（六）变压器常见故障部位汇总

1. 绕组的匝间绝缘和相间绝缘的故障

(1) 原因一：

变压器长期过负载运行或散热条件差或变压器长期使用，使其绝缘老化脆裂，抗电能力大大降低。

(2) 原因二：

变压器经受多次短路或大电流冲击，使绕组受力变形，虽然还能运行，但存在着绝缘缺陷和隐患，一旦遇到电压波动，就有可能击穿变压器绝缘。

(3) 原因三：

变压器油受潮，即混入较多的水分子，使变压器油绝缘性能大大下降。

(4) 原因四：

变压器绕组发热，绕包绝缘膨胀，造成油道阻塞，传热效果不佳，使绕组温度升高，形成恶性循环，绝缘很快老化，失去工作能力。

(5) 原因五：

由于防雷设施不完善，在大气过电压的作用下，发生变压器绝缘击穿损坏。

(6) 原因六：

继电保护设置不当或可靠性下降，造成变压器故障扩大。

2. 引线处绝缘故障

(1) 原因一：

变压器严重缺油，使油箱内引线裸露在空气中，造成内部闪络。

(2) 原因二：

变压器引线支撑套管上端帽罩密封不良，渗入水分或空气，使引线受潮而绝缘被击穿。

3. 铁芯绝缘故障

(1) 原因一：

变压器铁芯是采用 0.35～0.5 mm 厚度的硅钢片叠成，硅钢叠片采用漆膜绝缘。如果紧固不到位，使漆膜在振动或摩擦中受到破坏，会造成铁芯涡流损耗而引起局部发热。

(2) 原因二：

变压器制造厂或维修部门因装配和维修工作粗糙，造成铁芯两点或多点接地。

4. 分接开关故障

(1) 原因一：

长时间压力接触，造成弹簧压力不足，滚轮压力不均匀，使分接开关连接部分有效接触面积减少，连接处接触部分镀银层磨损，接触电阻增大和不平衡，造成发热变形。

(2) 原因二：

分接开关接触不良，经受不住短路电流的冲击。

(3) 原因三：

变压器维修后，直流电阻值与初始值比较，有较大的差异，不能满足运行规程规定。

5. 支撑套管（瓷瓶）故障

(1) 原因一：

套管严重积垢引起放电、闪络，严重时发生爆炸。

(2) 原因二：

维修或养护不当，损坏支撑瓷瓶。

三、变压器典型故障案例分析

（一）变压器自行跳闸

为了安全运行及操作，变压器高、中、低压各侧都装有断路器，同时还装设了必要的继电保护装置。当变压器的断路器自动跳闸后，运行人员应立即清楚、准确地向值班调度员报告情况；不应慌乱、匆忙或未经慎重考虑即行处理。待情况了解清晰后，要迅速、详细地向调度员及泵站负责人汇报故障发生的时间及现象、跳闸断路器的名称及编号、继电保护和自动装置的动作情况，以及表针摆动、频率、电压、潮流的变化等，并在值班长和泵站负责人的指挥下沉着、迅速、准确地进行处理。

1. 故障处理流程及要求

(1) 将对人员生命有直接威胁的设备停电。

(2) 将已损坏的设备隔离。

(3) 运行中的设备有受损伤的威胁时，应停用或隔离。

(4) 站用电气设备事故恢复电源。

(5) 电压互感器保险熔断或二次开关掉闸时，将有关保护停用。

(6) 现场规程中明确规定的操作，可无须等待值班调度员命令，变电站当值运行人员可自行处理，但事后必须立即向值班调度员汇报。

2. 改变运行方式使供电恢复正常，并查明变压器自动跳闸的原因

(1) 如有备用变压器，应立即将其投入，以恢复供电，然后再查明故障变压器的跳闸原因。

(2) 如无备用变压器，则只有尽快根据报警指示，查明为何种保护动作。在查明变压器跳闸原因的同时，应检查有无明显的异常现象，如有无外部短路、线路故障、过负荷、明显的火光、怪声、喷油等。如确实证明变压器两侧断路器跳闸不是由于内部故障引起，而是由于过负荷、外部短路或保护装置二次回路误动造成的，则变压器可不经外部检查重新投入运行。

如果不能确定变压器跳闸是由于上述外部原因造成的，则必须对变压器进行内部检查，主要应进行绝缘电阻、直流电阻的检查。经检查判断变压器无内部故障时，应将瓦斯保护投入到跳闸位置，将变压器重新合闸，整个过程应慎重行事。

如经绝缘电阻、直流电阻检查判断变压器有内部故障，则需对变压器进行吊芯检查。

（二）变压器气体保护动作

变压器运行中如局部发热，在很多情况下，不会首先表现为电气方面的异常，而是油气分解方面的异常，即油在局部高温作用下分解为气体，逐渐集聚在变压器顶盖上端及瓦斯继电器内。区别气体产生的速度和产气量的大小，实际上是区别过热故障的大小。

1. 轻瓦斯动作后的原因及处理

(1) 轻瓦斯动作发出信号后，首先应停止音响信号，并检查瓦斯继电器内气体的多少，判明原因。

(2) 非变压器故障原因。如：空气侵入变压器内（滤油后）；油位降低到气体继电器以下（浮子式气体继电器）或油位急剧降低（挡板式气体继电器）；瓦斯保护二次回路故障（如气体继电器接线盒进水、端子排或二次电缆短路等）。如确定为外部原因引起的动作，则恢复信号后，变压器可继续运行。

(3) 主变压器故障原因。如果不能确定是否是由于外部原因引起瓦斯信号动作，同时又未发现其他异常，则应将瓦斯保护投入跳闸回路，同时加强对变压器的监护，认真观察其发展变化。

2. 重瓦斯保护动作的原因及处理

（1）运行中的变压器发生瓦斯保护动作跳闸，或者瓦斯信号和瓦斯跳闸同时动作，则首先考虑该变压器有内部故障的可能，对这种变压器的处理应十分谨慎。

（2）故障变压器内产生的气体是由于变压器内不同部位不同的过热形式造成的。因此，瓦斯继电器内气体的性质、气体集聚的数量及速度对判断变压器故障的性质及严重程度是至关重要的。

（3）集聚的气体是无色无臭且不可燃的，则瓦斯动作是因油中分离出来的空气引起的，此时可判定为非变压器故障原因，变压器可继续运行。

（4）集聚的气体是可燃的，则有极大可能是变压器内部故障所致，对这类变压器，在未经检查并试验合格前，不允许投入运行。

变压器气体保护动作是一种内部事故的前兆，或本身就是一次内部事故。因此，对这类变压器的强送、试送、监督运行都应特别谨慎，事故原因查明前不得强送。

（三）变压器差动保护动作

差动保护是为了保证变压器安全可靠的运行，即当变压器本体发生电气方面的故障（如层间、匝间短路）时尽快地将其退出运行，从而减轻故障状态下变压器损坏的程度。规程规定，对容量较大的变压器，如并列运行的 6 300 kVA 及以上、单独运行的 10 000 kVA 及以上的变压器，要设置差动保护装置。与瓦斯保护相同之处是这两种保护动作都比较灵敏、迅速，都是主要保护变压器本体。与瓦斯保护不同之处在于瓦斯保护主要是反映变压器内部过热引起油气分离的故障，而差动保护则是反映变压器内部（差动保护范围内）电气方面的故障。差动保护动作，则变压器两侧（三绕组变压器则是3侧）的断路器同时跳闸。

1. 运行中的变压器差动保护动作后采取的措施

（1）首先拉开变压器各侧闸刀，对变压器本体进行认真检查，如油温、油色、防爆玻璃或压力释放装置及瓷套管等，确定是否有明显异常。

（2）对变压器差动保护区范围的所有一次设备进行检查，即变压器高压侧及低压侧断路器之间的所有设备、引线、母线等，以便发现在差动保护区内有无异常。

（3）对变压器差动保护回路进行检查，看有无短路击穿以及有人误碰等情况。

（4）对变压器进行外部测量，以判断变压器内部有无故障，测量项目主要是遥测绝缘电阻。

2. 差动保护动作后的处理

（1）经过上述步骤检查后，如确实判断差动保护是由于外部原因，如保护误碰、穿越性故障引起误动作等，则该变压器可在重瓦斯保护投跳闸位置情况下试投。

（2）如不能判断为外部原因，则应对变压器进行更进一步的测量分析，如测量直流电阻、进行油的简化分析或油的色谱分析等，以确定故障性质及差动保护动作的原因。

（3）如果发现有内部故障的特征，则须进行吊芯检查。

（4）当瓦斯保护与差动保护同时动作开关跳闸，应立即向上级主管部门汇报，不得强送。

（5）对差动保护回路进行检查，防止误动引起跳闸的可能。

除上述变压器两种保护外还有定时限过电流保护、零序保护等。

当主变压器由于定时限过电流保护动作跳闸时，首先应解除音响信号，然后详细检查有无越级跳闸的可能，即检查各出线开关保护装置的动作情况、保护装置动作信息各操作机构有无卡死等现象。如查明是因某一出线故障引起的越级跳闸，则应拉开出线开关，将变压器投入运行，并恢复向其余各线路送电；如果查不出是否为越级跳闸，则应将所有出线开关全部拉开，并检查主变压器其他侧母线及本体有无异常情况，若查不出明显的故障，则变压器可以空载试投送一次，运行正常后再逐路恢复送电。当再送某一路出线开关时，又出现越级跳主变压器开关，则应将其停用，恢复主变压器和其余出线的供电。若检查中发现某侧母线有明显故障征兆，而主变压器本体无明显故障，则可切除故障母线后再试合闸送电,若检查时发现主变压器本体有明显的故障征兆时,不允许合闸送电,应汇报上级听候处理。当零序保护动作时,一般是系统发生单相接地故障而引起的,事故发生后,应立即汇报调度听候处理。

(四) 变压器着火事故

变压器着火,应首先断开电源,停用冷却器,迅速使用灭火装置。若油溢在变压器顶盖上面着火,则应打开下部油门放油至适当油位;若是变压器内部故障而引起着火,则不能放油,以防变压器发生爆炸。一旦发生变压器着火事故,后果将十分严重,因此要高度警惕,做好各种情况下的事故预想,提高应付紧急状态和突发事故下解决问题的应变技能,将事故损失降到最低。

1. 变压器油着火的条件和特性

绝缘油是石油分馏时的产物,主要成分是烷族和环烷族碳氢化合物。用于电气设备的绝缘油的闪点不得低于135 ℃,所以正常使用时不存在自燃及火烧的危险性。因此,如果电气故障发生在油浸部位,因电弧在油中不接触空气,不会立即成为火焰,电弧能量完全为油所吸收,一部分热量使油温升高,一部分热量使油分子分解,产生乙炔、乙烯等可燃性气体,此气体亦吸收电弧能量而体积膨胀,因受外壳所限制,使压力升高。但是当电弧点燃时间长,压力超过了外壳所能承受的极限强度就可能产生爆炸。这些高温气体冲到空气中,一遇氧气即成明火而发生燃烧。

2. 防范要求

(1) 变压器着火事故大部分是由本体电气故障引起,做好变压器的清扫维修和定期试验是十分重要的工作。如发现缺陷应及时处理,使绝缘处于良好状态,不致产生可将绝缘油点燃起火的电弧。

(2) 变压器各侧开关应定期校验,动作应灵活可靠;变压器配置的各类保护应定期检查和试验,保持完好。这样,即使变压器发生故障,也能正确动作,切断电源,缩短电弧燃烧时间。主变压器的重瓦斯保护和差动保护,在变压器内部发生放电故障时,能迅速使开关跳闸,因而能将电弧燃烧时间限制得最短,使油温还不太高时,就将电弧熄灭。

(3) 定期对变压器油作气相色谱分析,发现乙炔或氢烃含量超过标准时应及时分析原因,必要时进行吊芯检查以找出问题所在。在重瓦斯动作跳闸后不能盲目强送,以免事故扩大发生爆炸和大火。

(4) 变压器周围应有七氟丙烷自动灭火系统。

3. 变压器防火保护的几种灭火系统

(1) 水喷雾灭火系统。利用水喷雾灭火是将着火的变压器从外部喷水降温而熄灭火焰。水喷雾灭火系统的构成主要有储水池、水泵、阀门水管道、喷水头及火焰探测器和控制器等。这种灭火方法在实际应用中存在如下几个问题:

① 喷头易发生堵塞,长期不用时突然使用,水管铁锈冲至喷头可能会发生堵塞,影响灭火功能;

② 管道必须沿变压器排列,否则检修变压器时,必须先拆管道,很不方便;

③ 必须在变压器附近设置储水池,且水要定期更换,否则时间太长水会变质发臭,造成水污染;

④ 除上述设备外还需要配置大功率水泵,因此,防火保护系统成本高,维护工作量大。

(2) 卤代烷灭火系统。卤代烷灭火的原理是反催化,即将原进行的化学反应中止从而熄灭火焰。采用卤代烷方式灭火,只有在变压器油外溢着火时才有效,且这种灭火介质被大量使用后,会破坏大气中的臭氧层,因此从环保的角度出发,这种灭火方式可能终将被淘汰。

(3) 氮气搅拌灭火系统。氮气搅拌灭火系统结构简单、动作可靠、方便易行、不污染环境,灭火效果显著,且造价低、维护方便。DDM 油浸变压器充氮灭火器装置是目前比较先进可靠的一种变压器灭火设备。DDM 油浸电力变压器充氮灭火装置主要用于变电站容量在 10 000 kVA 以上的大容量电力变压器的灭火消防。

4. 氮气搅拌灭水系统工作原理

当变压器发生火灾时,由火灾探测器和瓦斯继电器动作信号启动灭火装置,该装置同时接收到启动投运的两组信号后,首先立即打开快速排油阀,将油箱中油降低于顶盖下方 25 cm 左右,缓解变压器本体内压力防止爆炸,同时控流阀关闭,将油枕与本体隔离,防止"火上浇油"。

经排油阀打开数秒后,氮气从变压器底部充入本体,使变压器油上下充分搅拌,迫使油温降至燃点以下,实现迅速灭火,充氮时间可持续 10 min 以上,以使变压器充分冷却,阻止重燃。系统结构及灭火工作流程如图 3-2 所示。

(a) 工作流程

(b) 灭火系统结构及灭火示意图

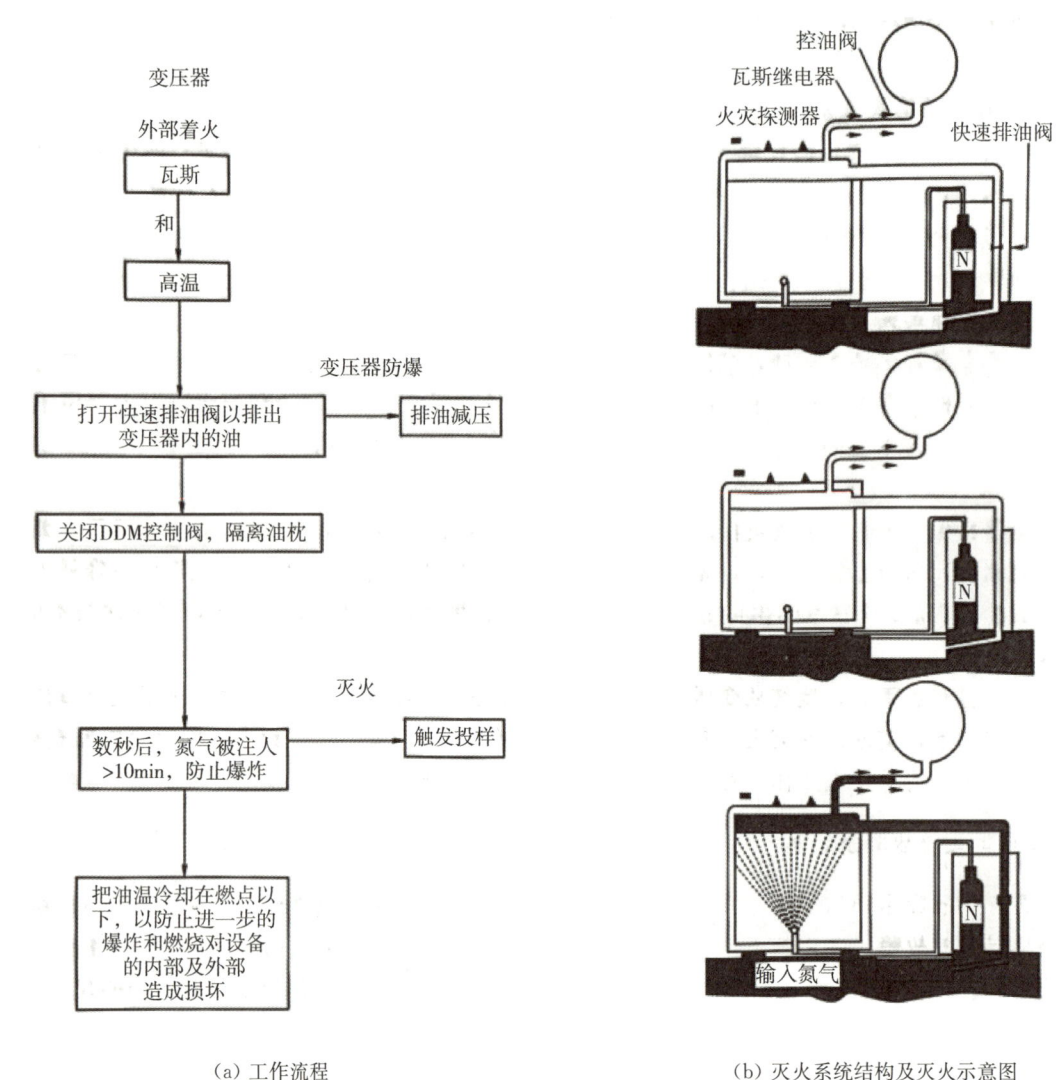

图 3-2 变压器灭火系统结构及灭火工作流程

(五)变压器短路故障

变压器短路故障主要指变压器出口短路、内部引线或绕组间对地短路及相与相之间发生的短路而导致的故障。电力变压器在发生出口短路时的电动力和机械力的作用下,使绕组的尺寸或形状发生不可逆的变化,产生绕组变形。绕组变形包括轴向和径向尺寸的变化、器身位移、绕组扭曲、鼓包和匝间短路等,是电力系统安全运行的一大隐患。变压器绕组变形后,有的会立即发生损坏事故,更多的则仍能继续运行一段时间,运行时间的长短取决于变形的严重程度和部位。

变压器正常运行中由于受出口短路故障的影响,遭受损坏的情况较为常见。据统计,一些地区 110 kV 及以上电压等级的变压器遭受短路故障电流冲击直接导致损坏的事故,约占全部事故的 50% 以上,这类故障的案例很多,特别是变压器低压出口短路时形成的故障一般要更换绕组,严重时可能要更换全部绕组。

1. 出口短路对变压器的影响

(1) 短路电流引起绝缘过热故障。变压器突发短路时，其高、低压绕组可能同时通过为额定值数倍甚至10多倍的短路电流，它将产生很大的热量，使变压器严重发热。当变压器承受短路电流的能力不够，热稳定性差，会使变压器绝缘材料严重受损，形成变压器击穿及损毁事故。

(2) 短路电动力引起绕组变形故障。变压器受短路冲击时，如果短路电流小，继电保护正确动作，绕组变形将是轻微的，如果短路电流大，继电保护延时动作甚至会拒动，变形将会很严重，甚至造成绕组损坏。对于轻微的变形，如果不及时检修，恢复垫块位置，紧固绕组的压钉及铁轭的拉板、拉杆，加强引线的夹紧力，在多次短路冲击后，由于累积效应也会使变压器损坏。因此诊断绕组变形程度、制定合理的变压器检修周期是提高变压器抗短路能力的一项重要措施。

绕组受力状态如图3-3、图3-4所示。由于绕组中漏磁的存在，载流导线在漏磁作用下受到电动力的作用，特别是在绕组突然短路时，电动力最大。漏磁通常可分解为纵轴分量和横轴分量，纵轴磁场使绕组产生径向力，而横轴磁场使绕组受轴向力。轴向力使整个绕组受到张力P_1，在导线中产生拉伸应力。而内绕组受到压缩力P_2，导线受到挤压应力。

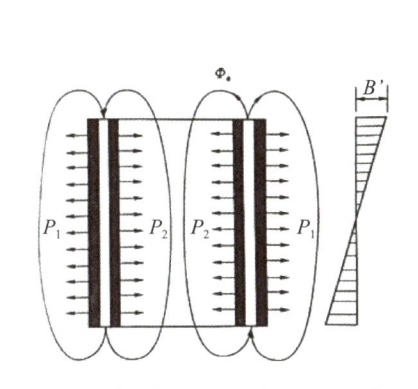

图3-3 变压器绕组漏磁及受力示意图 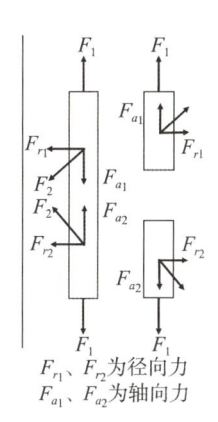　　图3-4 变压器绕组受力分析图

轴向力的产生分为两部分，一部分是由于绕组端部漏磁弯曲部分的辐向分量与载流导体作用而产生，它使内、外绕组都受压力，由于绕组端部磁场B'最大因而压力也最大，但中部几乎为0，绕组的另一端力的方向改变。轴向力的另一部分是由于内外安匝不平衡所产生的辐向漏磁与载流导体作用而产生，该力使内绕组受压，外绕组受拉，安匝不平衡越大，该轴向力也越大。

因此，变压器绕组在出口短路时，将承受很大的轴向和辐向电动力。轴向电动力使绕组向中间压缩，这种由电动力产生的机械应力，可能影响绕组匝间绝缘，对绕组的匝间绝缘造成损伤；而辐向电动力使绕组向外扩张，可能失去稳定性，造成相间绝缘损坏。电动力过大，严重时可能造成绕组扭曲变形或导线断裂。

2. 绕组变形的特点

通过对发生故障或事故的变压器进行分析，发现电力变压器绕组变形是诱发多种故障和事故的直接原因。一旦变压器绕组已严重变形而未被发现仍继续运行，则极有可能导致事故的发生，轻者造成停电，重者将可能烧毁变压器。致使绕组变形的原因，主要是绕组结构机械强度不足、绕制工艺粗糙、承受正常容许的短路电流冲击能力和外部机械冲击能力差。因此变压器绕组变形主要是受到内部电动力和外部机械力的影响，而受电动力的影响最为突出，如变压器因短路形成的冲击电流及产生的电动力将使绕组扭曲、变形甚至崩溃。

(1) 受电动力影响的变形。

① 高压绕组处于外层，受轴向拉伸应力和径向扩张应力，使绕组端部压钉松动、垫块飞出，严重时，铁轭夹件、拉板、紧固钢带都会弯曲变形，绕组松弛后使其高度增加。

② 中、低压绕组的位置处于内柱或中间时，常受到轴向和径向压缩力的影响，使绕组端部紧固压钉松动，垫块位移；匝间垫块位移，撑条倾斜，线饼在径向上呈多边形扭曲。若变形较轻，如35 kV线饼外

圆无变形,而内圆周有扭曲,则会在辐向上向内突出,这在绕组内衬是软纸筒时这种变形特别明显。如果变压器受短路冲击时,继电保护延时动作超过 2 s,则变形更加严重,线饼会有较大面积的内凹、上翘现象,此时测量整个绕组时往往高度降低,如果变压器继续投运,变压器箱体振动将明显增大。

③ 绕组分接区、纠接区线饼变形。这是由于分接区和纠接区(一般在绕组首端)安匝不平衡,产生横向漏磁场,使短路时线饼受到的电动力比正常区要大得多,所以易产生变形和损坏。特别是分接区线饼,出现有载分接开关造成的分接段短路故障时,绕组会变形成波浪状,影响绝缘和油道的通畅。

④ 绕组引线位移扭曲。这是变压器出口短路故障后常发生的情况,由于受电动力的影响,破坏了绕组引线布置的绝缘距离。如引线离箱壁距离太近,会造成放电;引线间距离太近,会因摩擦而使绝缘受损,会形成潜伏性故障,并可能发展成短路事故。

(2) 受机械力影响的变形。变压器绕组整体位移变形,这种变形主要是在运输途中,受到运输车辆的急刹车或运输船舶撞击晃动所致。据有关报道,变压器器身受到大于 3 g(g 为重力加速度)加速的冲击,将可能使线圈整体在径向上向一个方向明显位移。

(六) 变压器放电动作

根据放电的能量密度的大小,变压器的放电故障常分为局部放电、火花放电和高能量放电 3 种类型。

1. 放电故障对变压器绝缘的影响

放电对绝缘有两种破坏作用:① 由于放电质点直接轰击绝缘,局部绝缘受到破坏并逐步扩大,导致绝缘击穿;② 放电产生的热、臭氧和氧化氮等活性气体的化学作用,使局部绝缘受到腐蚀,介质损耗增大,最后导致热击穿。

(1) 绝缘材料电老化是放电故障的主要形式。

① 局部放电引起绝缘材料中化学键的分离、裂解和分子结构的破坏。

② 放电点热效应引起绝缘的热裂解或促进氧化裂解,增大了介质的电导和损耗,产生恶性循环,加速老化过程。

③ 放电过程生成的臭氧、氮氧化物遇到水分生成硝酸化学反应腐蚀绝缘体,导致绝缘性能劣化。

④ 放电过程的高能辐射,使绝缘材料变脆。

⑤ 放电时产生的高压气体引起绝缘体开裂,并形成新的放电点。

(2) 固体绝缘的电老化。固体绝缘的电老化的形成和发展呈树枝状,在电场集中处产生放电,引发树枝状放电痕迹,并逐步发展导致绝缘击穿。

(3) 液体浸渍绝缘的电老化。如局部放电一般先发生在固体或油内的小气泡中,而放电过程又使油分解产生气体并被油部分吸收,如产气速率高,气泡将扩大、增多,使放电增强,同时放电产生的蜡沉积在固体绝缘体上,抑制了散热,使放电增强、引发过热现象,造成固体绝缘损坏。

2. 放电故障的类型与特征

(1) 变压器局部放电故障。在电压的作用下,绝缘结构内部的气隙、油膜或导体的边缘发生非贯穿性的放电现象称为局部放电。局部放电刚开始时是一种低能量的放电,变压器内部出现这种放电时,情况比较复杂,根据绝缘介质的不同,可将局部放电分为气泡局部放电和油中局部放电;根据绝缘部位来分,有固体绝缘中空穴、电极尖端、油角间隙、油与绝缘纸板中的油隙和油中沿固体绝缘表面等处的局部放电。

(2) 局部放电的原因。

① 当油中存在气泡或固体绝缘材料中存在空穴或空腔时,由于气体的介电常数小,气泡或空穴在交流电压下所承受的电场强度高,但其耐压强度却低于油和纸绝缘材料,在气隙中容易首先引起放电。

② 外界环境条件的影响。如油处理不彻底,或外界温度下降使油中析出气泡等,都会引起放电。

③ 制造质量不良。如某些部位因为有尖角、漆瘤等,在较大电场强度的作用下,引发放电。

④ 金属部件或导电体之间接触不良而引起的放电。局部放电的能量密度虽不大,但若进一步发展

将会形成放电的恶性循环,最终导致设备的击穿或损坏,而引起严重的事故。

(3) 放电产生气体的特征。放电产生的气体,因放电能量不同而有所不同。如放电能量密度在 10^{-9} C(放电能量密度是指每个微放电中输运的电荷量 q,单位 C)以下时,一般总烃不高,主要成分是氢气,其次是甲烷,氢气占氢烃总量的 80%~90%;当放电能量密度为 10^{-8}~10^{-7} C 时,则氢气相应降低,并出现乙炔,但乙炔这时在总烃中所占的比例常不到 2%,这是局部放电区别于其他放电现象的主要标志。

3. 变压器火花放电故障

(1) 悬浮电位引起火花放电。高压电力设备中某金属部件,由于结构原因或运输和运行中因接触不良而断开,使其处于高压与低压电极间并按其阻抗形成分压,而在这一金属部件上产生的对地电位称为悬浮电位。具有悬浮电位的物体附近的电场强度较集中,往往会逐渐烧坏周围固体介质或使之碳化,也会使绝缘油在悬浮电位作用下分解出大量特征气体,从而使绝缘油色谱分析结果超标。悬浮放电可能发生于变压器内处于高电位的金属部件,如调压绕组,当有载分接开关转换极性时的短暂电位悬浮;套管均压球和无载分接开关拨钗等电位悬浮。处于大地电位的部件,如硅钢片磁屏蔽和各种紧固用金属螺栓等,与地的连接松动脱落,导致悬浮电位放电。变压器高压套管端部接触不良,也会形成悬浮电位而引起火花放电。

(2) 油中杂质引起火花放电。变压器发生火花放电故障的主要原因是油中杂质的影响。杂质由水分、纤维质(主要是受潮的纤维)等构成。水的介电常数 ε 约为变压器油的 40 倍,在电场中,杂质首先极化,被吸引向电场强度最强的地方,即电极附近,并按电力线方向排列。于是在电极附近形成了杂质"小桥",如图 3-5 所示。如果极间距离大、杂质少,只能形成断续"小桥",如图 3-5(a)所示。"小桥"的导电率和介电常数都比变压器油大,从电磁场原理得知,"小桥"的存在会畸变油中的电场。因为纤维的介电常数大,使纤维端部油中的电场加强,于是放电首先从这部分油中开始发生和发展,油在高场强下游离而分解出气体,使气泡增大,游离又增强。而后逐渐发展,使整个油间隙在气体通道中发生火花放电,所以,火花放电可能在较低的电压下发生。

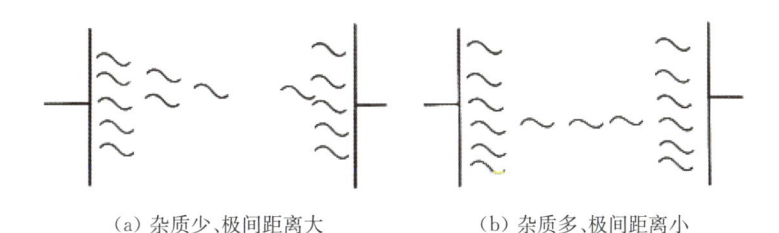

(a) 杂质少、极间距离大　　　　(b) 杂质多、极间距离小

图 3-5　电极间形成导电"小桥"

如果极间距离不大,杂质又足够多,则"小桥"可能连通两个电极,如图 3-5(b)所示,这时,由于"小桥"的电导较大,沿"小桥"流过很大电流(电流大小视电源容量而定),使"小桥"强烈发热,"小桥"中的水分和附近的油沸腾汽化,形成一个气体通道——"气泡桥"——而发生火花放电。如果纤维不受潮,则因"小桥"的电导很小,对于油的火花放电电压的影响也较小,反之,则影响较大。因此杂质引起变压器油发生火花放电,与"小桥"的加热过程相联系。当冲击电压作用或电场极不均匀时,杂质不易形成"小桥",它的作用只限于畸变电场,其火花放电过程,主要取决于外加电压的大小。

(3) 火花放电的影响。一般来说,火花放电不会很快引起绝缘击穿,主要反映在油色谱分析异常、局部放电量增加或轻瓦斯动作,比较容易被发现和处理,但对其发展程度应引起足够的重视。

4. 变压器电弧放电故障

电弧放电是高能量放电,常以绕组匝层间绝缘击穿为多见,其次为引线断裂或对地闪络和分接开关飞弧等故障。

(1) 电弧放电的影响。电弧放电故障由于放电能量密度大,产气急剧,常以电子崩形式冲击电介质,使绝缘纸穿孔、烧焦或碳化,使金属材料变形或熔化烧毁,严重时会造成设备烧损,甚至发生爆炸事故,这种事故一般事先难以预测,也无明显预兆,常以突发的形式暴露出来。

(2)电弧放电的气体特征。出现电弧放电故障后,气体继电器中的H_2和C_2H_2等含量常高达几千μL/L,变压器油亦碳化而变黑。油中特征气体的主要成分是H_2和C_2H_2,其次是C_2H_6和CH_4。当放电故障涉及固体绝缘时,除了上述气体外,还会产生CO和CO_2。

综上所述,3种放电的形式既有区别又有一定的联系,区别体现在放电能级和产气组成部分,联系是指局部放电是其他两种放电的前兆,而后者又是前者发展后的一种必然结果,由于变压器内出现的故障,常处于逐步发展的状态,同时大多不是单一类型的故障,往往是一种类型伴随着另一种类型,或几种类型同时出现,因此,更需要认真分析,具体对待。

(七)变压器绝缘故障

目前应用最广泛的电力变压器是油浸变压器和干式树脂变压器两种,电力变压器的绝缘即是变压器绝缘材料组成的绝缘系统,它是变压器正常工作和运行的基本条件,变压器的使用寿命是由绝缘材料(即油纸或树脂等)的寿命所决定的。实践证明,大多数变压器的损坏和故障都是因为绝缘系统的损坏。据统计,因各种类型的绝缘故障形成的事故约占全部变压器事故的85%以上。对正常运行及注重维护管理的变压器,其绝缘材料具有很长的使用寿命。国外的理论计算及实验研究表明,当小型油浸配电变压器的实际温度持续在95 ℃时,理论寿命将可达400年。设计和现场运行的经验表明,维护得好的变压器,实际寿命能达到50～70年;而按制造厂的设计要求和技术指标,一般把变压器的预期寿命定为20～40年。因此,保护变压器的正常运行和加强对绝缘系统的合理维护,很大程度上可以保证变压器具有相对较长的使用寿命,而预防性和预知性维护是提高变压器使用寿命和提高供电可靠性的关键。

油浸变压器中,主要的绝缘材料是绝缘油和绝缘纸、纸板和木块等固体绝缘材料,这些材料受环境因素的影响发生分解,从而降低或丧失了绝缘强度。

1. 固体纸绝缘故障

固体纸绝缘是油浸变压器绝缘的主要部分之一,包括绝缘纸、绝缘板、绝缘垫、绝缘卷、绝缘绑扎带等,其主要成分是纤维素,化学表达式为$(C_6H_{10}O_6)_n$,式中n为聚合度。一般新纸的聚合度为1 300左右,当下降至250左右时其机械强度已下降了一半以上,极度老化致使寿命终止的聚合度为150～200。绝缘纸老化后,其聚合度和抗张强度将逐渐降低,并生成水、CO、CO_2,其次还有糠醛(呋喃甲醛)。这些老化产物大都对电气设备有害,会使绝缘纸的击穿电压和体积电阻率降低、介损增大、抗拉强度下降,甚至腐蚀设备中的金属材料。固体绝缘具有不可逆转的老化特性,其机械和电气强度的老化降低都是不能恢复的。变压器的寿命主要取决于绝缘材料的寿命,因此油浸变压器固体绝缘材料,应既具有良好的电绝缘性能和机械特性,又能在长时间使用后性能衰减程度较低,即抗老化特性好。

(1)纸纤维材料的性能。绝缘纸纤维材料是油浸变压器中最主要的绝缘组件材料,纸纤维是植物的基本固体组织成分,组成物质分子的原子中有带正电的原子核和围绕原子核运行的带负电的电子,与金属导体不同的是绝缘材料中几乎没有自由电子,绝缘体中极小的电导电流主要来自离子电导。纤维素由碳、氢和氧组成,这样由于纤维素分子结构中存在氢氧根(HO^-),便存在形成水的潜在可能,使纸纤维有含水的特性。此外,这些氢氧根可认为是被各种极性分子(如酸和水)包围着的中心,它们以氢键相结合,使得纤维易受破坏;同时纤维中往往含有一定比例(约7%左右)的杂质,这些杂质中包括一定量的水分,因纤维呈胶体性质,使这些水分不能完全除去。这样也就影响了纸纤维的绝缘性能。

极性的纤维不但易于吸潮(水分是强极性介质),而且当纸纤维吸水时,氢氧根之间的相互作用力变弱,在纤维结构不稳定的条件下机械强度急剧变坏,因此,纸绝缘部件一般要经过干燥或真空干燥处理和浸油或绝缘漆后才能使用,浸漆的目的是使纤维保持润湿,保证其有较高的绝缘和化学稳定性及具有较高的机械强度。同时,纸被漆密封后,可减少纸对水分的吸收。阻止材料氧化,还可填充空隙,以减少可能影响绝缘性能、造成局部放电和电击穿的气泡。但也有观点认为纸浸漆后再浸油,可能有些漆会慢慢溶入油内,影响油的性能,因此对油漆的使用应当谨慎。

当然,不同成分纤维材料的性质及相同成分纤维材料的不同品质,其影响大小及性能也不同。大多数变压器的绝缘材料都采用纸质材料(如纸带、纸板、纸压制成型件等)。因此在变压器制造和检修中选择好的绝缘纸材料是非常重要的。纤维纸的优点是实用性强、价格低、使用加工方便,在温度不高时成型和处理简单灵活,且重量轻,强度适中,易吸收浸渍材料(如绝缘漆、变压器油等)。

(2)纸绝缘材料的机械强度。油浸变压器选择纸绝缘材料最重要的因素除纸的纤维成分、密度、渗透性和均匀性以外,还因为其能满足机械强度的要求,包括耐张强度、冲压强度、撕裂强度和坚韧性。

① 耐张强度:要求纸纤维受到拉伸负荷时,具有能耐受而不被拉断的最大应力。

② 冲压强度:要求纸纤维具有耐受压力而不被折断的能力的量度。

③ 撕裂强度:要求纸纤维发生撕裂所需的力符合相应标准。

④ 坚韧性:要求纸折叠或纸板弯曲时的强度能满足相应要求。

判断固体绝缘性能可以通过取样测量纸或纸板的聚合度,或利用高效液相色谱分析仪测量油中糠醛含量,以便于分析变压器内部存在故障时,是否涉及固体绝缘或是否存在引起线圈绝缘局部老化的低温过热现象,或判断固体绝缘的老化程度。对纸纤维绝缘材料在运行及维护中,应注意控制变压器额定负荷,要求运行环境空气流通、散热条件好,防止变压器温升超标和箱体缺油。还要防止油质污染、劣化等造成纤维的加速老化,而损害变压器的绝缘性能、使用寿命和安全运行。

(3)纸纤维材料的劣化,主要包括以下3个方面。

① 纤维脆裂。当过度受热使水分从纤维材料中脱离,会加速纤维材料脆化。由于纸材脆化剥落,变压器在机械振动、电动应力、操作波等冲击力的影响下可能产生绝缘故障进而形成电气事故。

② 纤维材料机械强度下降。纤维材料的机械强度随受热时间的延长而下降,当变压器发热造成绝缘材料水分再次排出时,绝缘电阻的数值可能会变高,但其机械强度将会大大下降,绝缘纸材将不能抵御短路电流或冲击负荷等机械力的影响。

③ 纤维材料本身的收缩。纤维材料在脆化后收缩,使夹紧力降低,可能造成收缩移动,使变压器绕组在电磁振动或冲击电压下移位摩擦而损伤绝缘。

2. 液体油绝缘故障

液体绝缘是1887年由美国科学家汤姆逊发明的,1892年被美国通用电气公司等推广应用于电力变压器,这里所说的液体绝缘即是变压器油绝缘。

(1)油浸变压器的特点。

① 提高了电气绝缘强度,缩短了绝缘距离,减小了设备的体积。

② 提高了变压器的有效热传递和散热效果,提高了导线中允许的电流密度,减轻了设备重量,将运行变压器器身的热量通过变压器油的热循环,传递到变压器外壳和散热器进行散热,从而有效地提高了冷却降温水平。

③ 油浸密封而降低了变压器内部某些零部件和组件的氧化程度,延长了设备的使用寿命。

(2)变压器油的性能。运行中的变压器油除必须具有稳定优良的绝缘性能和导热性能以外,需具有的性质标准见表3-1。其中绝缘强度、黏度、凝点和酸价等是绝缘油的主要性质指标。

表 3-1　变压器油性质标准

序号	项目	运行限值	序号	项目	运行限值
1	外观	透明无杂质或悬浮物	7	界面张力 (25℃)/(mN/m)	≥19
2	水溶性酸 pH 值	≥4.2	8	$\tan\delta$(90℃)/%	≤4
3	酸价/(mGkoh/g 值)	≤0.1	9	体积电阻率 (90℃)/(Ω·m)	≥3×10^9
4	闪点/℃	≥135			

续表

序号	项目	运行限值	序号	项目	运行限值
5	水分/(mg/L)	66～110 kV≤35 220 kV≤25	10	油中含气体量 (体积分数)/(%)	<3
6	标准油杯中击穿电压/kV	15 kV 以下≥25 15～35 kV≥30 60～220 kV≥35	11	油泥与沉淀物 (质量分数)/(%)	<0.02

从石油中提炼制取的绝缘油是各种烃、树脂、酸和其他杂质的混合物，其性质不一定是稳定的，在温度、电场及光合作用等影响下会不断地氧化。正常情况下绝缘油的氧化过程进行得很缓慢，如果维护得当甚至使用20年还可保持原有的质量而不老化，但混入油中的金属、杂质、气体等会加速氧化的发展，使油质变坏，颜色变深，透明度浑浊，所含水分、酸价、灰分增加等，使油的性质劣化。

(3) 变压器油劣化的原因。变压器油质变坏，按轻重程度可分为污染和劣化两个阶段。

污染是指油中混入了水分和杂质，这些不是油氧化的产物，但污染油的绝缘性能会变差，击穿电场强度降低，介质损耗角增大。

劣化是油氧化后的结果，当然这种氧化并不仅指纯净油中烃类的氧化，而是存在于油中的杂质加速氧化的过程，特别是铜、铁、铝金属粉屑等。

氧来源于变压器内的空气，即使在全密封的变压器内部仍有容积为0.25%左右的氧存在，氧的溶解度较高，因此在油中溶解的气体中占有较高的比率。

变压器油氧化时，作为催化剂的水分及加速剂的热量，使变压器油生成油泥，其影响主要表现在：在电场的作用下沉淀物粒子大；杂质沉淀集中在电场最强的区域，对变压器的绝缘形成导电的"桥"；沉淀物并不均匀而是形成分离的细长条，同时可能按电力线方向排列，这样无疑妨碍了散热，加速了绝缘材料老化，并导致绝缘电阻降低和绝缘水平下降。

(4) 变压器油劣化的过程。油在劣化过程中主要的生成物有过氧化物、酸类、醇类、酮类和油泥。

早期劣化阶段：油中生成的过氧化物与绝缘纤维材料反应生成氧化纤维素，使绝缘纤维机械强度变差，造成脆化和绝缘收缩，生成的酸类是一种黏液状的脂肪酸，尽管腐蚀性没有矿物酸那么强，但其增长速率及对有机绝缘材料的影响是很大的。

后期劣化阶段：当酸侵蚀铜、铁、绝缘漆等材料时，反应生成油泥，这是一种黏稠而类似沥青的聚合型导电物质，它能适度溶解于油中，在电场的作用下生成速度很快，黏附在绝缘材料或变压器箱壳边缘，沉积在油管及冷却器散热片等处，使变压器工作温度升高，耐电强度下降。

油的氧化过程是由两个主要反应条件构成的：① 变压器中酸价过高，油呈酸性；② 溶于油中的氧化物转变成不溶于油的化合物，从而逐步使变压器油质劣化。

(5) 变压器油质分析、判断和维护处理。

① 绝缘油变质。绝缘油的物理和化学性能都发生变化，从而使其电性能降低。通过测试绝缘油的酸值、界面张力、油泥析出、水溶性酸值等项目，可判断是否属于该类缺陷，对绝缘油进行再生处理，可能会消除油变质的产物，但处理过程中也可能去掉了天然抗氧剂。

② 绝缘油进水受潮。由于水是强极性物质，在电场的作用下易电离分解，因此，微量的水分就可使绝缘油介质损耗显著增加。通过对绝缘油进行微水测试，判断是否属于该类缺陷。对绝缘油进行压力式真空滤油，一般能消除水分。

③ 绝缘油被微生物细菌污染。例如在主变压器安装或吊芯时，附在绝缘件表面的昆虫和安装人员残留的汗渍等都有可能携带细菌，从而污染了绝缘油，或者绝缘油本身已被微生物污染。主变压器一般运行在40~80℃的环境下，非常有利于这些微生物的生长、繁殖。由于微生物及其排泄物中的矿物质、蛋白质的绝缘性能远远低于绝缘油，从而使得绝缘油介质损耗升高。这种缺陷采用现场循环处理的方法很难处理好，因为无论如何处理，始终有一部分微生物会残留在绝缘固体上。处理后，短期内主变压器绝缘会有所恢复，但由于主变压器运行环境非常有利于微生物的生长繁殖，这些残留微生物还会持续

生长繁殖,从而使主变压器绝缘性能逐年下降。

④ 含有极性物质的醇酸树脂绝缘漆溶解在油中。在电场的作用下,极性物质会发生偶极松弛极化,在交流极化过程中要消耗能量,所以使油的介质损耗上升。虽然绝缘漆在出厂前经过固化处理,但仍可能存在处理不彻底的情况。主变压器运行一段时间后,处理不彻底的绝缘漆逐渐溶解在油中,使其绝缘性能逐渐下降。该类缺陷发生的时间与绝缘漆处理的彻底程度有关,通过一两次吸附处理可取得一定的效果。

⑤ 油中混有水分、杂质和空气。这种污染情况并不改变油的基本性质。对于水分可用干燥的办法加以排除;对于杂质可用过滤的办法加以清除;油中的空气可通过抽真空的办法加以排除。

⑥ 两种及两种以上不同来源的绝缘油混合使用。油的性质应符合相关规定;油的比重相同、凝固温度相同、黏度相同、闪点相近;且混合后油的安定度应符合要求。对于混油后劣化的油,由于油质已变,产生了酸性物质和油泥,因此需用油再生的化学方法将劣化产物分离出来,才能恢复其性质。

3. 干式树脂变压器的绝缘与特性

干式树脂变压器(这里指环氧树脂绝缘的变压器)主要使用在具有较高防火要求的场所,如高层建筑、机场、油库等。

(1) 树脂绝缘的类型。环氧树脂绝缘的变压器根据制造工艺特点可分为环氧石英砂混合料真空浇注型、环氧无碱玻璃纤维补强真空压差浇注型和无碱玻璃纤维绕包浸渍型3种。

① 环氧石英砂混合料真空浇注绝缘。这类变压器是以石英砂为环氧树脂的填充料,将经绝缘漆浸渍处理绕包好的线圈,放入线圈浇注模内,在真空条件下再用环氧树脂与石英砂的混合料滴灌浇注。由于浇注工艺难以满足质量要求,如残存的气泡、混合料的局部不均匀及可能导致局部热应力开裂等,这样绝缘的变压器不宜用于湿热环境和负荷变化较大的区域。

② 环氧无碱玻璃纤维补强真空压差浇注绝缘。环氧无碱玻璃纤维补强是用无碱玻璃短纤维玻璃毡为绕组层间绝缘的外层绕包绝缘。其最外层的绝缘绕包厚度一般为1~3 mm 的薄绝缘,经环氧树脂浇注料配比进行混合,并在高真空下除去气泡后浇注,由于绕包绝缘的厚度较薄,当浸渍不良时易形成局部放电点,因此要求浇注料的混合要完全,真空除气泡要彻底,并掌握好浇注料的低黏度和浇注速度,以保证浇注过程中对线包浸渍的高质量。

③ 无碱玻璃纤维绕包浸渍绝缘。无碱玻璃纤维绕包浸渍的变压器是在绕制变压器线圈的同时,完成线圈层间绝缘处理和线圈浸渍的,它不需要上述两种方式浸渍过程中的绕组成型模具,但要求树脂黏度小,在线圈绕制和浸渍的过程中树脂不应残留微小气泡。

(2) 干式树脂变压器的绝缘特点及维护。干式树脂变压器的绝缘水平与油浸变压器相差并不显著,关键在于温升和局部放电这两项指标上。

① 干式树脂变压器的平均温升水平比油浸变压器高,因此,相应要求绝缘材料耐热的等级更高,但由于变压器的平均温升并不反映绕组中最热点部位的温度,当绝缘材料的耐热等级仅按平均温升选择,或选配不当,或变压器长期过负荷运行,就会影响变压器的使用寿命。由于变压器测量的温升往往不能反映变压器最热点部位的温度,因此,有条件时最好能在变压器最大负荷运行下,用红外测温仪检查变压器的最热点部位,并有针对性地调整风扇冷却设备的方向和角度,控制变压器局部温升,保证变压器的安全运行。

② 干式树脂变压器局部放电量的大小与变压器的电场分布、树脂混合均匀度及是否残存气泡或树脂开裂等因素有关,局部放电量的大小影响树脂变压器的性能、质量及使用寿命。因此,对树脂变压器进行局部放电量的测量、验收,是对其工艺、质量的综合考核,在对树脂变压器交接验收及大修后应进行局部放电的测量试验,并根据局部放电是否变化,来评价其质量和性能的稳定性。

随着干式树脂变压器越来越广泛的应用,在选择变压器的同时,应对其工艺结构、绝缘设计、绝缘配置了解清楚,选择生产工艺及质量保证体系完善、生产管理严格、技术性能可靠的产品,确保变压器的产品质量和耐热寿命,才能提高变压器的安全运行和供电可靠性。

4. 影响变压器绝缘性能的主要因素

影响变压器绝缘性能的主要因素有温度、湿度、油保护方式和过电压、短路电动力等。

(1) 温度的影响。电力变压器为油、纸绝缘，在不同温度下油、纸中含水量有着不同的平衡关系曲线。一般情况下，温度升高，纸内水分要向油中析出，反之，则纸要吸收油中水分。因此，当温度较高时，变压器内绝缘油的微水含量较大，反之，微水含量就小。

温度不同时，纤维素解环、断链并伴随气体产生的程度有所不同。在一定温度下，CO 和 CO_2 的产生速度恒定，即油中 CO 和 CO_2 气体含量随时间呈线性关系。在温度不断升高时，CO 和 CO_2 的产生速率往往呈指数规律增大。因此，油中 CO 和 CO_2 的含量与绝缘纸热老化有着直接的关系，并可将含量变化作为密封变压器中纸层有无异常的判据之一。

变压器的寿命取决于绝缘的老化程度，而绝缘的老化又取决于运行的温度。如油浸变压器在额定负载下，绕组平均温升为 65 ℃，最热点温升为 78 ℃，若平均环境温度为 20 ℃，则最热点温度为 98 ℃；在这个温度下，变压器可运行 20~30 年，若变压器超载运行，温度升高，会导致使用寿命缩短。

(2) 湿度的影响。水分的存在将加速纸纤维素降解，因此，CO 的产生与纤维素材料的含水量也有关。当湿度一定时，含水量越高，分解出的 CO_2 越多。反之，含水量越低，分解出的 CO 就越多。

绝缘油中的微量水分是影响绝缘特性的重要因素之一。绝缘油中微量水分的存在，对绝缘介质的电气性能与理化性能都有极大的影响，水分可导致绝缘油的火花放电电压降低，介质损耗因数 $\tan\delta$ 增大，促进绝缘油老化，绝缘性能劣化，含水量和放电电压及介质损耗关系分别如图 3-6、图 3-7 所示。而设备受潮，不仅会造成绝缘击穿电压降低（图 3-8），导致电力设备的运行可靠性和寿命降低，更可能导致设备损坏甚至危及人身安全。

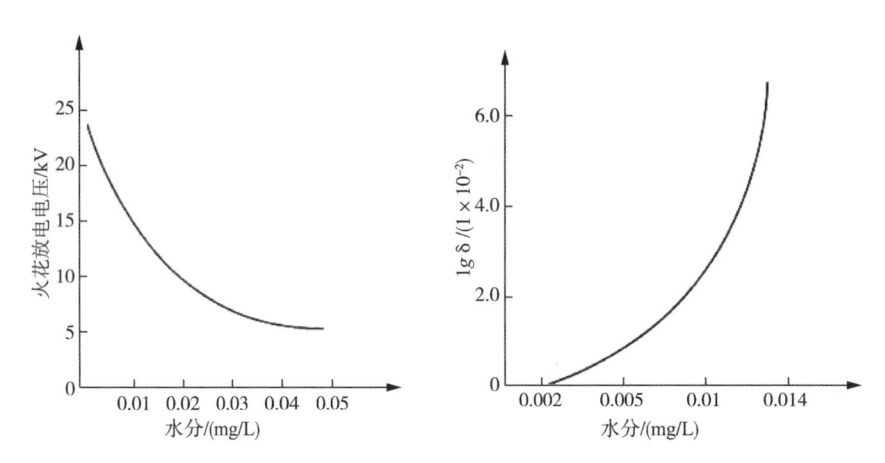

图 3-6 水分对油火花放电电压的影响　　图 3-7 水分对油介质损耗因数 $\tan\delta$ 的影响

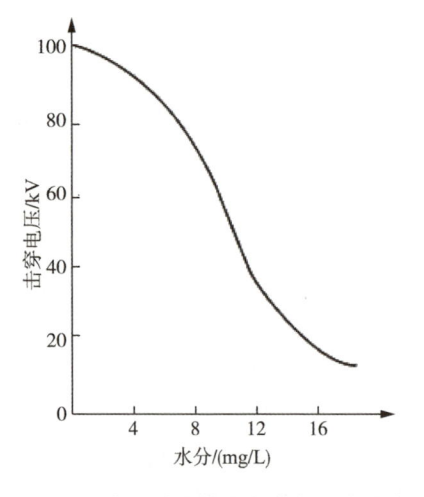

图 3-8 水分对油浸纸击穿电压的影响

(3) 油保护方式的影响。变压器油中氧的作用会加速绝缘分解反应，而含氧量与油保护方式有关。另外，油保护方式不同，使 CO 和 CO_2 在油中溶解和扩散状况不同。如 CO 的溶解小，使开放式变压器 CO 易扩散至油面空间，因此，开放式变压器一般情况下 CO 的体积分数不大于 $300×10^{-6}$。密封式变压器，由于油面与空气绝缘，使 CO 和 CO_2 不易挥发，所以其含量较高。

(4) 过电压的影响。

① 暂态过电压的影响。三相变压器正常运行产生的相、地间电压是相间电压的 58%，但发生单相故障时主绝缘的电压对中性点接地系统将增加 30%，对中性点不接地系统将增加 73%，因而可能损伤绝缘。

② 雷电过电压的影响。雷电过电压由于波头陡，引起纵绝缘上电压分布的不均匀，可能在绝缘上留下放电痕迹，从而使固体绝缘受到破坏。

③ 操作过电压的影响。由于操作过电压的波头相当平缓，所以电压分布近似线性，操作过电压波由一个绕组转移到另一个绕组上时，约与这两个绕组间的匝数成正比，从而容易造成主绝缘或相间绝缘的劣化和损坏。

(5) 短路电动力的影响。出口短路时的电动力可能会使变压器绕组变形、引线移位，从而改变了原有的绝缘距离，使绝缘发热，加速老化或受到损伤，造成放电、拉弧及短路故障。

综上所述，掌握电力变压器的绝缘性能，并进行合理的运行维护，将直接影响到变压器的安全运行、使用寿命和供电可靠性。电力变压器是电力系统中重要而关键的主设备，作为变压器的运行维护人员和管理者必须了解和掌握电力变压器的绝缘结构、材料性能、工艺质量、维护方法及科学的诊断技术，并进行合理的运行管理。

(八) 变压器油水分超标

变压器的运行、检修和油质劣化会使油中水分增加，这些微量水分的存在会加快绝缘材料的老化，降低其绝缘强度，甚至会导致线圈形成电弧并短路引发故障，造成巨大的损失和危害。

1. 故障经过

根据某泵站近 5 年电气预防性试验报告(图 3-9)，发现主变压器油绝缘强度呈逐年降低趋势、微水含量总体呈升高趋势，并已接近临界值，且根据 2021 年 9 月 14 日主变压器油化试验结果(表 3-2)，主变压器油绝缘强度已低于标准值，存在严重安全隐患。

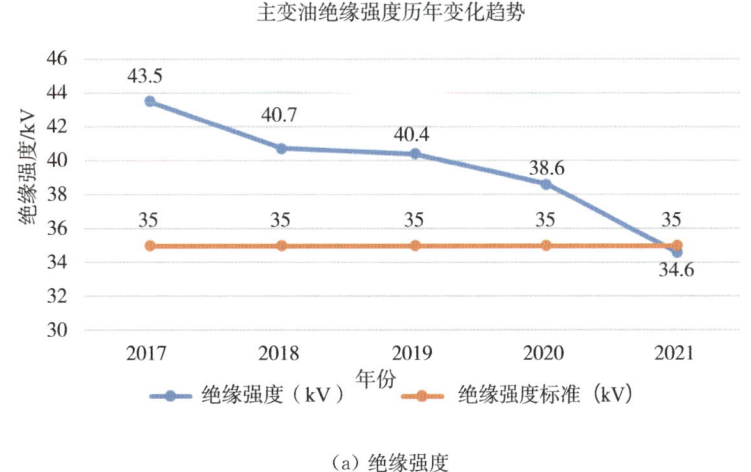

主变油绝缘强度历年变化趋势

年份	绝缘强度(kV)	绝缘强度标准(kV)
2017	43.5	35
2018	40.7	35
2019	40.4	35
2020	38.6	35
2021	34.6	35

(a) 绝缘强度

主变油水分历年变化趋势

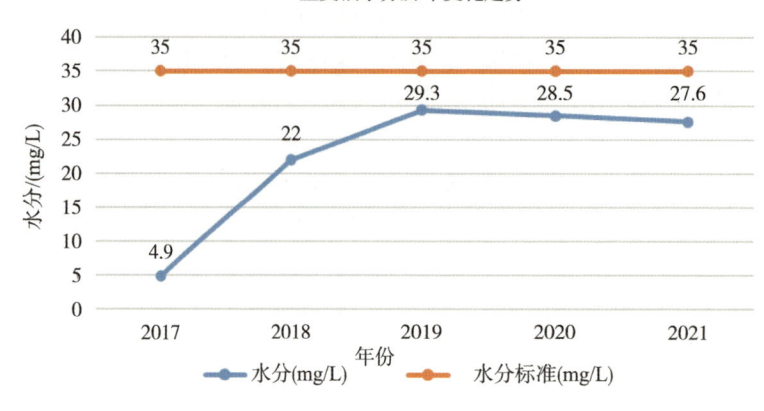

(b) 微水含量

图 3-9　110 kV 变压器历年数据变化趋势

表 3-2　110 kV 变压器绝缘油试验结果

（一）试验环境			
试验日期：2021 年 9 月 14 日			实验室环境：温度 24 ℃，湿度 52%。
（二）铭牌数据			
油牌号	25 号	取样位置	变压器本体底部
（三）试验数据			
测试参数		本体	标准
绝缘强度(kV)		34.6	≥35
^		38.0	^
^		36.0	^
微水(mg/L)		26.0	≤35
^		27.6	^
^		26.1	^

2. 故障分析

110 kV 电压等级的变压器正常运行时要求其油中水分含量不超过 35 mg/L，但由于制造过程中干燥不彻底，运输过程中防潮措施不到位，运行过程中维护处理不及时等，均会导致变压器油因水分含量超标而劣化。

为消除故障，确保主变压器的安全运行，技术人员随即对主变压器油进行真空滤油处理。处理后主变压器油绝缘强度、微水含量各指标均符合标准，满足安全运行要求。表 3-3 为 110 kV 变压器绝缘油滤油试验结果表。

表 3-3　110 kV 变压器绝缘油滤油试验结果

变压器下部取油口油样			
时间	测试参数	本体	标准
2021.9.24 滤油工作过程中	绝缘强度(kV)	65.7	≥35
^	^	69.1	^
^	^	—	^
^	微水(mg/L)	16.2	≤35
^	^	14.9	^
^	^	—	^

续表

变压器下部取油口油样

时间	测试参数	本体	标准
2021.9.27 滤油工作结束后	绝缘强度(kV)	57.5	≥35
		—	
		—	
	微水(mg/L)	10.1	≤35
		10.8	
		—	

四、变压器故障预防措施

(一) 变压器短路故障

为防止绕组变形，提高机械强度，降低短路事故率，可采取如下技术改进和减少短路事故的措施。

1. 技术改进措施。

（1）电磁计算方面：在保证性能指标、温升限值的前提下，综合考虑短路时的动态过程。从保证绕组稳定性出发，合理选择撑条数、导线宽厚比及导线许用应力的控制值，在进行安匝平衡排列时根据额定分接和各级限分接情况整体优化，尽量减小不平衡安匝。考虑到作用在内绕组上的轴向内力约为外绕组的两倍，因此尽可能使作用在内绕组上的轴向外力方向与轴向力的方向相反。

（2）绕组结构方面：绕组是产生电动力且直接承受电动力的结构部件，要保证绕组在短路时的稳定性，就要针对其受力情况，使绕组在各个方向有牢固的支撑。具体做法如在内绕组内侧设置硬绝缘筒，绕组外侧设置外撑条，并保证外撑条可靠压在线段上。对单螺旋低压绕组首末端均端平一匝以减少端部漏磁场畸变。对等效轴向电流大的低压和调压绕组，针对其相应的电动力，采取特殊措施固定绕组出头，并在出头位置和换位处采用适当形状的垫块，以保证绕组稳定性。

（3）器身结构方面：器身绝缘是电动力传递的中介，要保证在电动力作用下，各方向均有牢固的支撑和减小相关部件受力时的压强。在设计时，采用整体相套装结构，内绕组硬绝缘筒与铁芯柱间用撑板撑紧，以保证内绕组上承受的压应力均匀传递到铁芯柱上；合理布置压钉位置和选择压钉数量，并设计副压板，以减小压钉作用到绝缘压板上的压强和压板的剪切应力。

（4）铁芯结构方面：轴向电动力最终作用在铁芯框架结构上，铁芯固定框架如果出现局部结构失稳和变形，将导致绕组失稳、变形并损坏。因此，设计铁芯各部分结构件时，强度要留有充分的裕度，各部件间尽量采用无间隙配合和互锁结构，使变压器器身成为一个坚固的整体。

（5）工艺控制：对一些关键工序，如垫块预处理、绕组绕制、绕组压装、相套装、器身装配时预压力控制等方面，进行严格的工艺控制，以保证设计要求。

2. 减少短路事故的措施。

（1）优化选型要求：应选用能顺利通过短路试验的变压器并合理确定变压器的容量，合理选择变压器的短路阻抗。

（2）优化运行条件：要提高电力线路的绝缘水平，特别是提高变压器出线一定距离的绝缘水平，同时提高线路安全走廊和安全距离要求的标准，降低近区故障影响和危害，包括重视电缆的安装检修质量，对重要变电站的中、低压母线，考虑采用全封闭设计，以防小动物侵害；提高对开关质量的要求，防止发生拒分等。

（3）优化运行方式：确定运行方式要核算短路电流，并限制短路电流的危害。如采取装备用电源自投装置后开环运行，以减少短路时的电流和简化保护配置；对故障率高的非重要出线，可考虑退出重合闸保护，提高快速切出故障设备的能力，压缩保护时间；220 kV 及以上电压等级的变压器尽量不直接带 10 kV 的地区电力负荷等。

（4）提高运行管理水平：要防止误操作造成的短路冲击，加强变压器的适时监测和检修，及时发现变压器的变形情况，保证变压器的安全运行。

（二）变压器气体保护动作后的处理

1. 变压器加油应采用真空注油，以排除气泡。油质应化验合格，并作好记录。
2. 变压器投入运行后，重瓦斯保护应接入跳闸回路，并应采取措施防止误动作。当发现轻瓦斯告警信号时，要及时取油样判明气体性质，并检查原因及时排除故障。
3. 对变压器渗漏油的故障要及时加以处理。
4. 防爆装置应按要求安装在正确的位置，防爆板应采用适当厚度的层压板或玻璃纤维布板等脆性材料。
5. 加强管理和建立正常的巡视检查制度。
6. 重视安全教育，进行事故预案演练，提高安全意识。

（三）变压器油水分超标

1. 选择耐高温、耐油性能良好的密封件，建议选择邵氏硬度在 70～80 之间的丁腈橡胶。
2. 用氮气或隔膜等方式使油与空气隔绝，避免油吸收外界潮气；变压器上设置吸湿器，内贮干燥剂以消除水分，防止水分被吸入；应经常和定期取样检查油的微水、温度、颜色、油面高度等。

第二节　GIS 组合电器故障及排除方法

一、GIS 组合电器简介

六氟化硫封闭式组合电器，国际上称为"气体绝缘开关设备"，简称 GIS。它将一座变电站中除变压器以外的一次设备，经优化设计有机地组合成一个整体。这些设备主要有：断路器、隔离开关、接地开关、母线、电压互感器（PT）、电流互感器（CT）、避雷器、进出线套管等。GIS 设备的所有带电部分都被金属外壳所包围。外壳以铝合金、不锈钢、无磁铸钢等为原材料，用铜母线接地，内部充有一定压力的六氟化硫（SF_6）气体。

二、GIS 组合电器故障排除方法实例

（一）气体泄漏

气体泄漏是较为常见的故障，使用 GIS 需要经常补气，若泄漏严重将造成 GIS 被迫停运。

（二）水分含量高

SF_6 气体水分含量增高通常与 SF_6 气体泄漏有关，因为泄漏的同时，外部的水汽也会向 GIS 室内渗透，使 SF_6 气体的含水量增高。SF_6 气体水分含量高是引起绝缘子或其他绝缘件闪络的主要原因。

（三）内部放电

GIS 内部不清洁、运输中的意外碰撞和绝缘件质量低劣等都可能引起 GIS 内部发生放电现象。

(四) 元器件故障

GIS元器件包括断路器、隔离开关、接地开关、避雷器、互感器、套管、母线等。运行经验表明，其内部元件故障时有发生，主要有：操作机构卡死、拒动，储能电机和线圈烧损，元器件损坏和二次接线接触不良等。

(五) GIS的特有故障

GIS的故障率比常规电气设备低一个数量级，但GIS事故后的平均停电检修时间则比常规电气设备长。一般情况下，GIS设备的故障多发生在新设备投入运行的一年之内，以后会逐渐趋于平稳。

1. 故障原因

(1) 制造工艺及质量的影响

① 车间清洁度差。GIS制造厂的制造车间清洁度差，特别是总装配车间，将金属微粒、粉末和其他杂物残留在GIS内部，留下隐患，导致故障。

② 装配误差大。在装配过程中，可动元件与固定元件发生摩擦，从而产生金属粉末和残屑并遗留在零件的隐蔽地方，在出厂前没有清理干净。

③ 不遵守工艺规程。在GIS零件的装配过程中，不遵守工艺规程，存在把零件装错、漏装及装不到位的现象。

④ 制造厂选用的材料质量不合格。

当GIS存在上述缺陷时，在投入运行后，都可能导致GIS内部闪络、绝缘击穿、接地短路和导体过热等故障。

(2) 安装质量的影响

① 不遵守工艺规程。安装人员在安装过程中不遵守工艺规程导致金属件有划痕，凸凹不平之处未得到处理。

② 现场清洁度差。安装现场清洁度差，导致绝缘件受潮、被腐蚀；外部的尘埃、杂物等侵入GIS内部。

③ 装错、漏装。安装人员在安装过程中有时会出现装错，漏装的现象。例如屏蔽罩内部与导体之间的间隙不均匀或漏装，螺栓、垫圈没有装或紧固不紧。

④ 异物没有处理。安装工作有时与其他工程交叉进行，例如土建工程、照明工程、通风工程没有结束，为了赶工期强行进行GIS设备的安装工作，可能造成异物存在于GIS中而没有处理，有时甚至将工具遗留在GIS内部，留下隐患。

上述缺陷都可能导致GIS内部闪络、绝缘击穿、导体过热等故障。

(3) 运行操作不当

在GIS运行中，由于操作不当也会引起故障。例如将接地开关合到带电相上，如果故障电流很大，即使快速接地开关也会损坏。

(4) 过电压的影响

运行中，GIS可能受到雷电过电压、操作过电压等的作用。雷电过电压往往使绝缘水平较低的元件内部发生闪络或放电；隔离开关切合小电容电流引起的高频暂态过电压可能导致GIS对地(外壳)闪络。

2. 故障对策

(1) 严格进行预防性试验

① 测量主回路的导电电阻。测量值不应超过产品技术条件规定值的1.2倍。

② 主回路的耐压试验。主回路的耐压试验程序和方法，应按产品技术条件的规定进行，试验电压值为出厂试验电压的80%。

③ 密封性试验。

A. 采用灵敏度不低于1×10^{-6}(体积比)的检漏仪对各气压室密封部位、管道接头等处进行检测时，检漏仪不应报警。

B. 采用收集法进行气体泄漏测量时,以 24 h 的漏量换算,每一个气室年漏气率不应大于 1‰,值得注意的是测量应在 GIS 充气 24 h 后进行。

④ 测量 SF_6 气体微量水含量。微量水含量的测量也应在 GIS 充气 24 h 后进行,测量结果应符合如下规定:有电弧分解的隔室应小于 150 μL/L;无电弧分解的隔室应小于 250 μL/L。

⑤ GIS 内部各元件的试验。对能分开的元件,应按《电气装置安装工程 电气设备交接试验标准》(GB 50150—2016)进行相应试验,试验结果应符合规定的要求。

⑥ GIS 的操动试验。当进行 GIS 的操动试验时,连锁与闭锁装置动作应准确可靠。

⑦ 气体密度继电器、压力表和压力动作阀的校验。气体密度继电器及压力动作阀的电动、气动或液压装置的操动试验,应按产品技术条件的规定。压力表指示值的误差及其回差,均应在产品相应等级的允许误差范围内。

(2) 认真做好检修工作

GIS 运行规程规定,GIS 设备的小修周期一般为 3~5 年,大修周期一般为 8~10 年。检修人员应熟悉检修项目、技术规程、检修工艺及流程等。

三、GIS 组合电器典型故障案例分析

(一) GIS 设备漏气故障

GIS 设备漏气故障通常发生在组合电器的密封面、焊接点和管路接头处。

1. 当 SF_6 气体压力下降较快时,一般判断为气室漏气(但应先排除密度控制器被太阳直晒造成误报),漏气的原因主要有:焊接件质量有问题,焊缝漏;铸件表面漏气(有针孔或砂眼);密封圈老化或密封部位的螺栓、螺纹松动;气体管路连接处漏气;密度继电器故障等。

(1) 对于 SF_6 气体泄漏,通常先用检漏仪对漏气间隔进行检测,找出漏气点。

(2) 焊缝漏气,将 SF_6 气体回收后进行补焊。

(3) 密封接触面漏气,通常在回收 SF_6 气体后更换密封圈。

(4) 检查二次接线或二次元件是否有故障。补气后如故障不能消除,应从密度控制器、继电器、接线及后续报警元件逐一查找。

(5) 密度控制器类故障。密度控制器若发报警信号、指针不指示、漏油等均需更换。密度控制器带温度补偿功能,可直接根据其读数判断压力是否在合格范围。但应注意避免密度控制器被太阳直晒,否则易产生误判。

2. 当 GIS 任一间隔发出"补充 SF_6 气体"的信号时,允许保持原运行状态,但应迅速到该间隔的现场控制屏上判明为哪一气室需补气,然后立即汇报值班长或站所负责人,通知检修人员处理,并根据要求做好安全措施。

3. 当 GIS 任一间隔发出"补充 SF_6 气体"的信号同时,又发出"气室紧急隔离"的信号时,则认为发生大量漏气情况,将危及设备安全。此间隔不允许继续运行,应立即汇报值班长或站所负责人,并断开与该间隔相连接的开关,将该间隔和带电部分隔离。在情况危急时,运行人员可在值班长指导下,先行对需隔离的气室内的设备停电,然后及时将处理情况向上级主管部门汇报。

4. GIS 发生故障,造成气体外逸的措施。

(1) 所有人员应迅速撤离现场。

(2) 在事故发生 15 min 以内,所有人员不准进入现场(抢救人员除外),15 min 以后,4 h 以内任何人员进入室内都必须穿防护衣,戴手套及防毒面具;4 h 以后进入室内虽然可不采取上述措施,但在清扫时仍须采取上述安全措施。

(3) 室外 GIS 设备发生爆炸或严重漏气等事故时,人员接近设备要谨慎,应选择从上风侧接近设备,穿安全防护服并佩戴隔离式防毒面具、手套和护目眼镜;对室内安装运行的 GIS 设备,为防止 SF_6 气体漫延,必须将通风机全部开启 15 min 以上,进行强力排换,待含氧量和 SF_6 气体浓度符合标准,并采取充分措施准备后,才能进入事故设备装置室进行检查。

(4) 若故障时有人被外逸气体侵袭,应立即对其清洗后送医院诊治。

(二) GIS 开关拒动故障

1. 断路器拒绝合闸

(1) 如果在计算机监控系统操作票上发出某断路器合闸命令后,开关没有合闸,同时计算机返回信息有"××QF 断路器合闸失败"信息。

(2) 检查及处理。

① 将此开关的两侧刀闸拉开,检查开关的合闸闭锁条件是否满足,控制回路和合闸回路是否有问题,合闸电源电压是否正常,合闸线圈端电压达不到规定值(最低操作电压为 85% 额定电压)时,应调整电源并加粗电源线。

② 检查开关的操作机构本体是否有问题,或者检查是否因气体压力降低导致闭锁合闸回路。如合闸铁芯上的掣子与合闸掣子的间隙过大,吸合到底时,合闸掣子仍不能解扣,须调整此间隙。如凸轮轴上的离合器损坏,卡住凸轮轴,需更换离合器。机构或本体有其他卡阻现象,要进行慢动作检查或解体检查,找出不灵活部位重新组装调试。

③ 检查开关的辅助接点是否接触良好,或开关的位置继电器接触是否良好,如接触不良要进行调整;检查辅助开关的触点是否有烧伤,有烧伤要予以更换。

④ 仔细检查开关的操作回路、控制回路有没有接通,需检查何处断路,例如线圈的接线端子处引线未压紧导致接触不良等,查出问题后进行针对性处理,如合闸线圈断线或烧坏,应更换;如合闸铁芯卡住,应检查并进行调整。

⑤ 对于是同期点的开关,要检查其同期电源是否正常,同期装置是否正常。

(3) 检查分析方法。

① 按合闸按钮电磁铁不动作。应按顺序检查电源、连接线、合闸回路的各电气元件、电磁铁。

② 按合闸按钮电磁铁动作,但储能保持掣子不脱扣。应先观察合闸掣子是否为储能保持掣子充分让开空间,如未让开说明合闸掣子有问题;如已让开而棘轮又未动,说明棘轮在合闸弹簧储能后未使合闸拉杆偏过中心位置或棘轮与储能保持掣子的摩擦转角或摩擦力过大(如储能保持掣子的滚针轴承坏),可先更换储能保持掣子或轴承试验。

③ 如棘轮转动过程中停止。应是储能轴卡滞或传动卡滞,可根据合闸的程度和具体情况逐一排除离合器→轴承→油缓冲→传动拐臂→本体内部件是否存在问题,并修复或更换。

2. 断路器拒绝跳闸

(1) 如果在计算机监控系统操作票上发出某某开关分闸命令后,开关没有分闸,同时计算机返回信息有"××QF 断路器跳闸失败"信息。

(2) 检查及处理。

① 检查就地开关远方操作不成功的原因,检查开关本体是否有异常现象。

② 检查开关操作机构是否有问题,如分闸电磁铁顶杆与分闸掣子的间隙过大,铁芯吸合到底时,分闸掣子仍不能解扣,应调整此间隙;如分闸电磁铁铁芯有卡滞现象,应调整电磁铁铁芯。

③ 在检查机构、本体等无异常的情况下,在就地控制柜上进行断开开关操作,检查开关是否分闸正常、控制回路是否接通。如控制回路未接通,检查何处断路、辅助开关是否未转换或接触不良等,并检查辅助开关的触点是否有烧伤,如有烧伤要予以更换。如仍存在问题,则联系上级主管部门,将与之串联的开关断开,并做好安全措施。

④ 分闸回路参数配合不当，分闸线圈端电压达不到规定数值（不低于65％额定操作电压），应重新调整。分闸线圈断线或烧坏应予以更换。

⑤ 联系专业检修人员检查处理。

（3）检查分析方法。

① 按分闸按钮电磁铁不动作，应按顺序检查电源、连接线、分闸回路的各电气元件、电磁铁。

② 按分闸按钮电磁铁动作，但分闸保持掣子不脱扣，应先观察分闸掣子是否为分闸保持掣子充分让开空间，未让开，说明分闸掣子有问题；如已让开而不能脱扣，说明大拐臂的滚子与分闸保持掣子的摩擦转角或摩擦力过大（如分闸保持掣子的滚针轴承损坏），可先更换分闸保持掣子或轴承试验。

③ 如分闸过程中停止，应为输出轴卡滞或传动卡滞，可根据分闸的程度和具体情况逐一排除轴承→油缓冲→传动拐臂→本体内部件是否存在问题，并修复或更换。

3．刀闸拒绝合闸（分闸）

（1）在刀闸现地控制柜上执行刀闸合闸（分闸）操作后，现地控制柜上刀闸的相应位置指示与实际不符合，且中控室返回信息显示也不正确，在刀闸本体检查时发现有一相或两相未在合闸（分闸）位置。

（2）处理方法。

① 立即停止其他的操作。

② 汇报站所长以及相关部门紧急处理。

③ 做好刀闸检查处理相应的安全措施。

4．二次元件烧坏

（1）接线有误，需更改接线并更换烧坏的元件。

（2）元件质量有问题，更换元件。

（3）操作不当或其他意外情况所导致，分析原因并更换元件。

5．空合（机构完成合闸动作，而本体未合闸或合闸不能保持）

（1）凸轮与拐臂滚子间隙过大，调整此间隙。

（2）合闸保持掣子损坏或磨损严重，不能合闸保持，更换合闸掣子。

（3）与合闸保持掣子扣接的滚轮（大拐臂上的）内的滚针轴承损坏，更换滚针轴承。

（4）分闸掣子不复位（复位弹簧失效或分闸掣子卡滞）或分闸掣子损坏，更换复位弹簧或分闸掣子，有卡滞的要查明卡滞原因并修复。

6．合闸弹簧不储能或储能不到位

（1）存在问题及处理。

① 控制电机的自动空气开关在"分"位置或储能回路电源断线。

② 检查控制回路，是否有接错、断路，进行针对性处理。

③ 接触器触点接触不良，更换接触器。

④ 行程开关切断过早，应予调整，并检查行程开关触点是否烧坏，有烧伤要予以更换。

⑤ 储能电机烧坏，更换电机。

⑥ 检查机构储能部分，有无卡阻、零部件破损等现象，如有予以排除。

（2）具体分析方法。

① 弹簧机构无能量而电机不动作，应分别检查：电源、行程开关、接触器、电机、连接导线。

② 手动储能而无法转动储能工具，说明棘爪轴卡滞或储能轴卡滞。

③ 如电机转动、棘爪动而不储能，则先观察棘轮有无崩齿现象。

④ 观察储能过程中有无异常声响或金属屑掉出，如有，一般是储能轴内的部件有故障。

（三）气体微水超标

气体微水超标易造成绝缘子或其他绝缘件闪络，微水超标的主要原因是通过密封件泄漏渗入的水进入到 SF_6 气体中。经过多年的运行，气体中含水量持续上升无疑是外部水蒸气向设备内部渗透的结果。大气中水蒸气分压力通常为设备中水汽分压力的几十倍甚至几百倍，在这一压力作用下，大气中的水汽会逐渐透过密封件进入气体绝缘设备。

1. 存在问题
(1) 吸附剂安装不对。
(2) 橡胶、绝缘子的气室可能会有烃气，用露点法仪器检测时，烃气干扰，导致测量误差。
(3) 抽真空不足。
(4) 设备内存在空腔。
(5) 保管不当，环境影响。
(6) 部件受潮。

2. 对策
(1) 保证运输安全、确保安装工艺正确。
(2) 加吸附剂。
(3) 抽真空应达到 60 Pa 以内，国标为 133 Pa，工业上取国标的 50%，约为 67 Pa。
(4) 阴雨天湿度大不允许安装。

对于气体微水超标，通常处理办法是回收气体后，用氮气反复冲洗、干燥、抽真空，再充入新 SF_6 气体。超标不严重，可以仅干燥 SF_6 气体；超标严重，应抽真空、更换或干燥 SF_6 气体，并更换吸附剂。

（四）开关内部放电

1. 动、静触头在合闸时偏移，引起接触不良

如静触头开距孔深度不够，在合闸向上运动时发生偏移，将静触头开距孔深度适当增加后正常。

2. 内部放电

由于制造工艺等原因，某些内部部件处于悬浮电位，导致电场强度局部升高，进而产生电晕放电，另外，金属杂质和绝缘子中气泡的存在都会导致电晕放电或局部放电的产生，需要做好外壳接地，将内部清理干净，使用合格的绝缘子。

3. 设备内部绝缘放电

(1) 原因：① 绝缘件表面破坏，绝缘件环氧树脂有气泡，内部有气孔，绝缘件浇注时有杂质等；② 气室内湿度过大，绝缘件表面腐蚀；③ 绝缘件表面没有清理干净；④ 吸附剂安装不对，粉尘粘在绝缘件上；⑤ 密封胶圈润滑硅脂油过多，温度高时融化掉在绝缘件上；⑥ 绝缘件受潮。

(2) 处理：① 原材料进厂时严格控制质量；② 加工过程中控制工艺；③ 零部件装配时清理干净；④ 加强库房、存储过程管理，真空包装；⑤ 对于动、静触头接触不良或母线筒放电等故障，则必须停电解体后查明原因，针对不同故障更换相应的零部件。

4. 主回路导体异常

(1) 原因：① 导体表面有毛刺或凸起；② 导体表面没有擦拭干净；③ 导体内部有杂质；④ 导体端头过渡、连接部分倒角不好，导致电场不均匀；⑤ 屏蔽罩表面不光滑，对接口不齐；⑥ 螺栓表面不光滑；⑦ 螺栓为内六角的，六角内有毛刺影响不大，但外表有毛刺时有害；⑧ 导线、母线断头堵头面放电，一般为球断头。

(2) 处理：① 控制尖角、磕碰、毛刺、划伤等缺陷；② 提高导体表面清洁度。

5. 罐体内部异常

(1) 原因：① 罐体内部有凸起，焊缝不均匀；② 盆式绝缘子与法兰面接触部分不正常；③ 罐体内没

有清洁干净;④ 运动部件运动时可能脱落粉尘。

(2) 处理:① 认真清理,打磨焊缝;② 增加运动部件运动试验次数,增加磨合 200 次;③ 所有打开部件必须严格处理。

(五) 液压机构渗油

液压机构渗油故障大多是由液压机构密封圈老化,或安装位置偏移、或储压桶漏氮等原因引起。

对于液压机构渗漏油或打压频繁故障,停电后需将液压机构泄压,查明原因并更换相应的油密封件。

(六) 回路电阻异常

1. 故障现象

(1) 电阻过大、发热,固定接触面面积过大。

(2) 接触面不平整、凸起。

(3) 接触面对口不平整、有凸起,接触不良。

(4) 镀银面有局部腐蚀。

(5) 触头弹簧装设不良。

(6) 插入式电阻长度小,接触深度不够,插入式接触电阻大。

(7) 触头直径不合适,对接不好。

(8) 螺栓紧固程度不够。

(9) 材质本身杂质超标。

(10) 焊接部分不均匀,有气孔。

2. 对策

(1) 打磨。

(2) 涂防腐涂料。

(3) 按缩紧力矩要求拧紧螺丝。

四、GIS 组合电器故障预防措施

(一) GIS 组合电器故障处理措施

(1) 制定检修方案及措施,做好检修准备工作。

(2) 用 SF_6 气体处理车回收气体,并将气体液化。

(3) 用高纯氮气过滤 GIS 气室。

(4) 抽出氮气。

(5) 开启法兰盖。

(6) 工作人员暂时离开 GIS 室 30 min,其间开通风机通风。

(7) 取出吸附剂,干燥或更换吸附剂。

(8) 用吸尘器吸收气室内的杂物。

(9) 解体清洗气室,处理故障。

(10) 详细检查后复装气室。

(11) 安装干燥或更新后的吸附剂。

(12) 封闭气室法兰盖。

(13) 对 GIS 抽真空达到合格。

(14) 测量氮气的含水量。

(15) 充入高纯氮气压力达到 4 Pa,如果水分不合格,重复充氮气、抽真空直至含水量合格。

(16) 如果抽真空不合格,充入高纯度的氮气与少量 SF_6 混合气体,进气处理。

(17) 水分含量合格后,充入 5 kPa 压力的 SF_6 气体,并进行漏气检查。测量水分并确认合格。

(18) 充入 SF_6 气体达到规定值,24 小时后测量 SF_6 气体含水量并确认合格,检查 SF_6 漏气情况并确认合格。

(19) 断路器操作机构实验,并进行最终检查,必要时进行耐压试验并确认合格。

(二) GIS 组合电器故障预防措施

(1) 加强设备检修工作,按规程要求每年对气体进行微水测试。对液压机构电动操作机构进行清洗、润滑,对主回路接触进行测试等工作。

(2) 加强设备维护和清扫工作,要求值班人员认真巡查设备,发现问题及时处理,并建立设备台账,定期对设备进行清扫,以保证设备表面清洁。

(3) 定期对液压机构进行解体大修,严格按工艺要求检修,采用质量符合要求的密封进行更换。

(4) 在有条件的情况下,采取局部放电、射线照相、红外定位技术等先进手段对本体进行检测,确保设备运行正常。

(5) 及时处理异常响声。当气室内部电器元件发出异常响声时,应根据声音的变化判别是否为屏蔽罩松动。若内部有异物,当出现明显放电声时,应采用停电措施。

(6) 设备防爆膜破裂说明内部出现严重的绝缘问题。电弧使设备部件损坏,引起内部压力超过标准,因此必须进行停电处理。

第三节 高低压设备故障及排除方法

一、高低压设备简介

高低压设备又称成套开关设备或开关柜,是以开关设备为主体,将其他各种电器元件按选定主接线要求组装为一体而构成的成套电气设备,主要有高、低压开关柜,箱式变压器等。高压开关设备是指用于电力系统发电、输电、配电、电能转换和消耗中起通断、控制或保护等作用的设备;低压开关设备是指按一定的线路方案将一次设备、二次设备组装成成套配电装置,起对线路和设备实施控制、保护的作用。

二、高低压设备故障排除方法实例

(一) 高压开关柜常见故障

高压开关柜故障多发生在绝缘、导电和机械等方面。

1. 拒动、误动故障

这种故障是高压开关柜最主要的故障,其原因可分为两类:① 由操动机构及传动系统的机械故障造成,具体表现为机构卡涩,部件变形、位移或损坏,分合闸铁芯松动、卡涩,轴销松断,脱扣失灵等;② 由电气控制和辅助回路故障造成,表现为二次接线接触不良,端子松动,接线错误,分合闸线圈因机构卡涩或转换开关不良而烧损,辅助开关切换不灵,以及操作电源、合闸接触器、微动开关故障等。

2. 开断与关合故障

这类故障是由断路器本体造成的,对少油断路器而言,主要表现为喷油短路、灭弧室烧损、开断能力不足、关合时爆炸等。对于真空断路器而言,表现为灭弧室及波纹管漏气、真空度降低、切出电容器组时重燃、陶瓷管破裂等。

3. 绝缘故障

绝缘故障形式一般有:环境条件恶劣破坏绝缘件性能、绝缘材料的老化破损、小动物侵入等原因造成的短路或击穿,主要表现为外绝缘对地闪络击穿,内绝缘对地闪络击穿,相间绝缘闪络击穿,雷电过电压闪络击穿,瓷瓶套管和电容套管闪络、污闪、击穿、爆炸,提升杆闪络,CT闪络、击穿、爆炸,瓷瓶断裂等。定期检修中若发现绝缘材料老化或破损应立即更换,清除绝缘材料表面的污渍,电缆沟、开关室安装防护板防止小动物侵入,发生故障应及时查找原因并整改。

4. 载流故障

载流故障是电力设备的主要故障,主要原因是设备触头连接、接头或触点接触不良或长时间氧化导致接触电阻增大,造成触头过热、烧融甚至短路。

5. 保护元件选用不当造成的故障

针对熔断器额定电流选用不当、继电器整定时间不匹配等原因造成的事故,应及时查找原因并更换合适的元器件。

6. 外力及其他故障

外力及其他故障包括环境温度、湿度及污染指数等的急剧变化和异物撞击、自然灾害等引起的故障以及意外故障等。应注意改善环境,如安装空调、加热器,了解污染源并及时清除杂物以及做好设备的防护等。另外还包括因不按规程操作造成的误分、误合或造成元器件损坏引起的故障,对此,操作人员应充分了解产品操作规程,严格按规程操作。

(二) 低压开关柜故障

1. 电源指示灯不亮的故障原因及排除方法

(1) 指示灯接触不良或灯丝烧断。应检查灯头或更换灯泡。

(2) 电源无电压。应用万用表检查三相电源。

(3) 熔断器熔体熔断。应查明原因后更换熔体。

2. 电压表指示过低的故障原因及排除方法

(1) 电源电压过低。应提高电源电压或请供电部门处理。

(2) 负荷过大。应减轻负荷至规定范围。

(3) 低压线路太长。应更换成大截面导线。

(4) 变压器电压调节开关位置不合适。应调换电压调节开关位置。

3. 三相电压不平衡的故障原因及排除方法

(1) 三相负荷不平衡。应调整三相负荷。

(2) 相线接地。应找出接地处并排除故障。

(3) 三相电源不平衡。应检修或更换变压器。

(4) 电力变压器二次侧的零线断线。应找出断线处并重新接好。

4. 熔体熔断故障的原因及排除方法

(1) 外线路短路。应查明故障点并排除。

(2) 用电设备发生故障引起短路。应查明用电设备故障,并予以排除。

(3) 过负荷。应减轻负荷至规定范围。

5. 电器元件烧坏的故障原因及排除方法

(1) 接线错误,造成短路。应改正错误接线。

（2）电器容量过小。应换上与负载相匹配的电器元件。

（3）电器元件受潮或被雨淋。应做好防潮防水措施。

（4）环境恶劣，粉尘污染严重。应改善环境条件，采取防尘措施或换防尘电器。

6. 电器爆炸故障的原因及排除方法

（1）电器分断能力不够，当外线路或母线发生短路时，将开关等电器炸毁。应选择遮断容量能适应供电系统的电气设备。

（2）在没有灭弧罩的情况下操作开关设备，造成弧光短路。应必须装好灭弧罩才能操作开关。

（3）误操作。应严格执行操作规程，防止误操作。

（4）电器元件被雨淋或使用环境有导电介质存在。应采取防雨措施，改善环境条件，加强维护。

（5）二次回路导线损伤并触及柜架或检修后将导线头、工具等遗忘在配电屏内。应在检修时注意不得损伤二次回路，检修后将所有杂物清除，整理好线路，确认无问题后才能投入使用。

（6）小动物侵入配电屏内造成短路，应设置防护网，防止小动物侵入。

7. 母排连接处过热故障的原因及排除方法

（1）母排接头接触不良。应重新连接，使接头接触可靠或更换母排。

（2）母排对接螺栓过松。应拧紧螺栓，并使松紧程度合适；若弹簧垫片失效或螺栓螺母滑扣，应予以更换。

（3）母排对接螺栓过紧，垫圈被过分压缩，截面减小，电流通过时引起发热，或在电流减小时，母排与螺栓间易形成间隙，使接触电阻增大。应调整螺栓的松紧程度，紧固螺母压平弹簧垫圈。

8. 短路故障的原因及排除方法

（1）母排的支撑夹板（瓷夹板或胶木夹板）和插入式触点的绝缘底座积有污垢、受潮或机械损伤，形成电击穿而造成短路。应定期进行检查和清扫；对受潮或损伤的胶木板和底座予以烘干或更换；缩短母排支撑夹板的跨距，以提高动态稳定度。

（2）误操作，如带负荷操作刀开关。应严格执行操作规程，防止误操作。

（3）电器元件选择不当。应根据负荷大小来选择遮断容量合适的元器件，并设计合理的保护线路。

（4）停电检修时，将扳手、旋具等工具遗留在母排上，造成送电后发生短路。应在检修结束后仔细清查工具，避免此类事故发生。

（5）老鼠、蛇等侵入配电屏造成短路。应设置防护网，防止小动物侵入。

（三）电压互感器故障

1. 电压互感器熔体熔断故障原因及排除

（1）故障现象

① 电压互感器熔断器有一相熔体熔断时，熔断的一相对地电压表指示降低，未熔断的两相间的线电压及两相对地电压表指示正常；如果出现接地信号，说明电压互感器一次侧熔断器一相熔断，如果不出现接地信号，说明电压互感器二次侧熔断器一相熔断。

② 电压互感器熔断器有两相熔体熔断时，熔断的两相对电压表指示很小或接近于0，未熔断的一相对地电压表指示正常；熔断的两相间的线电压为0，另外一相线电压降低，但不为0；如果出现接地信号，说明电压互感器一次侧熔断器两相熔断，如果不出现接地信号，说明电压互感器二次侧熔断器两相熔断。

（2）故障原因

① 高压侧中性点接地时发生单相接地；母线末端带负荷时投入高压电容器。

② 二次侧所接测量仪表消耗的功率超过互感器的额定容量或二次侧绕组短路。

③ 当发生雷击时，感应雷电流通过高压侧熔体经电压互感器中性点入地，导致高压侧熔体熔断；当线路发生雷击单相接地时，电压互感器可能由于自身的励磁特性不好而发生一次侧熔体熔断。

④ 熔断器长期磨损也会造成高压或低压侧熔体熔断。

⑤ 由于某种原因,电路中的电流或电压发生突变,而引起的铁磁谐振,使电压互感器的励磁电流增大几十倍,会造成高压侧熔体迅速熔断。

(3) 排除方法

① 当高压侧发生熔体熔断时,应将高压侧的隔离开关拉开,并检查低压侧熔体是否同时熔断,确认无问题后,方可进行更换。

② 当低压侧熔体熔断时,应立即更换相同容量、规格的熔体,但在更换熔体前,要将有关保护装置解除,在更换熔体并进入正常运行后再将停用的保护装置重新投入运行。

③ 当高、低压侧熔体同时熔断时,故障可能发生在二次回路,可更换高、低压侧熔断器后试运行。若低压侧再次熔断,应找出原因后再予更换;如果低压侧熔断器没有熔断,应对互感器本身进行检查。可测量互感器绝缘,当绝缘正常时可更换熔断器后继续投入运行。

2. 电压互感器断线故障原因及排除

(1) 故障现象

电压互感器一旦断线,会发出预告音响和光字牌,低压继电器动作,频率监视灯熄灭,仪表指示不正常。

(2) 故障原因

① 电压互感器的高、低侧熔断器熔体熔断。

② 回路接线松动或断线。

③ 电压切换回路辅助触点及电压切换开关接触不良。

(3) 排除方法

① 如果高压侧熔体熔断,应仔细查明原因,并排除故障。只有确认无问题后,方可进行更换。

② 如果低压侧熔体熔断,应立即更换,并确保熔体容量与原来相同。

③ 排除故障,更换熔体和恢复正常后,应将停用的保护装置投入运行。

④ 如果更换熔体后,仍发出断线信号,应拉开刀闸,并在采取安全措施后进行检查。检查时查看回路接头有无松动、断开现象,切换回路有无接触不良、短路等故障。

3. 电压互感器二次负荷回路发生故障原因及排除

(1) 故障现象

电压互感器一旦发生故障,控制室或配电柜的电压表、功率表、功率因数表、电能表、频率表等的指示将出现异常,同时保护装置的电压回路也失去电压。

(2) 故障原因

① 运行中的电压互感器,由于二次负荷回路熔断器或隔离开关的辅助触点接触不良而造成回路电压消失。

② 负荷回路中发生故障使二次侧熔体熔断。

(3) 排除方法

① 如果各种仪表指示正常,说明电压互感器及其二次回路存在故障。应根据各仪表的指示,对设备进行监视。如果这类故障可能引起保护装置误动作,应退出相应的保护装置。

② 如果熔断器接触不良,应立即修复。若发现二次侧熔体熔断,可换上同样规格的熔断器试送电,若再次熔断,应查明原因。只有排除故障,方可更换熔断器,再次送电。

③ 如果一次侧熔体熔断,应对一次侧进行反复检查。只有在有限流电阻时,方可换上同样规格的熔断器试送电,如果没有限流电阻,不得更换试送电,否则可能造成更大的故障。

④ 有时只有个别仪表(如电压表)的指示不正常,一般属于仪表故障,应立即通知检修人员进行处理。

4. 电压互感器铁磁谐振故障的排除及防止措施

(1) 故障现象

电压互感器铁磁谐振时,三相电压同时明显升高,其产生的过电压可能会击穿互感器的绝缘,使互感器烧坏；若由于接地诱发铁磁谐振，有系统接地信号发出。

（2）排除方法

电压互感器出现铁磁谐振时，应立即由上一级断路器切除互感器，切忌使用刀开关，以免由于电压过高造成三相弧光短路，危及人身或设备安全。切除后应检查互感器有无电压击穿现象。

（3）防止措施

对于电压互感器的铁磁谐振，可采取吸收谐振过电压的自动保护装置。该装置由保护间隙串联级吸收电阻后并接在互感器线圈上，一旦发生铁磁谐振过电压，保护间隙被击穿，由吸收电阻将过电压限制在互感器的额定电压以内，从而保护互感器不被击穿。

5. 电压互感器一次、二次回路开路故障原因及排除

因电压互感器二次侧不允许短路，因此电压互感器二次侧必须安装熔断器。

（1）故障原因

① 高、低压熔断器熔断。

② 连接线松动或脱落。

③ 电压切换回路辅助接点或切换开关接触不良。

（2）排除方法

电压互感器一次、二次回路开路时，应先将与之有关的保护或自动装置停用，以防误动作，然后检查高、低压熔断器有无熔断，连接线是否松动或脱落，切换开关或电压切换回路的辅助接点接触是否良好。

6. 电压互感器上盖流油、着火故障原因及排除

（1）故障原因

① 电压互感器的极性接错。

② 操作过电压。

（2）排除方法

当电压互感器发生上盖流油、着火时，应立即断开电源，用干式灭火器或砂子灭火，然后检查接线并采用适当安全措施。

7. 10 kV 电压互感器一次侧熔断器熔体熔断故障的原因及排除

（1）故障原因

① 电压互感器内部绕组发生匝间、层间或相间短路以及一相接地等故障引起一次侧熔体熔断。

② 二次回路故障。若电压互感器二次回路及设备发生故障，可能造成电压互感器过电流，如果互感器的二次侧熔体选得太粗，就可能造成一次侧熔体熔断。

③ 10 kV 系统一相接地。10 kV 系统一般是中性点不接地系统，当其一相接地时，其他两相的对地电压将升高 3 倍。这样，对 YN/YN 接线的电压互感器，其正常的两相对地电压将变成线电压。由于电压升高，使电压互感器的电流增加，从而使熔体熔断。

④ 系统发生铁磁谐振。当系统发生谐振时，电压互感器中将产生过电压或过电流，此时除造成一次侧熔体熔断外，还可能烧毁互感器。

（2）排除方法

当发现电压互感器一次侧熔体熔断后，应拉开电压互感器的隔离开关，检查二次侧熔体是否熔断。在排除互感器本身故障或二次回路的故障后，可重新更换熔体，将电压互感器投入运行。

（四）电流互感器故障

1. 电流互感器二次回路断线故障排除

电流互感器二次回路在任何情况下都不允许开路运行。因为电流互感器在运行情况下二次开路，会产生威胁人身和设备安全的高电压。

(1) 故障现象

电流互感器二次回路开路，一般不容易发现，电流互感器本身也无明显变化，因此会长时间处于开路运行状态。只有当出现电流互感器有焦糊味、电流端子烧毁以及电流表指针指示不正常或电能损失过大等情况时才会被发现。

① 电流互感器发出较大的"嗡嗡"声，所接的有关仪表指示不正常，电流表无指示，电能表、功率表等无指示或指示偏小。

② 铁芯中的磁通急剧增加，在断线处可能出现很高的过电压，其峰值可达数千伏，甚至数万伏，从而出现火花，严重的能造成仪表、保护装置、互感器、一次回路的绝缘击穿，导致接地或高压电弧，甚至危及人身安全。

③ 由于铁芯损耗增加，电流互感器会严重发热甚至烧毁。

④ 在差动保护回路中电流互感器二次回路断线时，有断线信号发出。

(2) 排除方法

当发现电流互感器二次侧开路时，可用钳型电流表快速查找开路点。首先要分别测量每相电流互感器的二次电流，若测得某相无电流，即认为该相电流互感器二次侧开路。此时可用短接线按顺序在电流互感器的二次侧、电流端子侧、保护端子侧以及测量表计处逐一短接两相电流回路，用钳型电流表逐一测量电流。若电流互感器二次侧无电流，则证明电流互感器本身(内部)开路；若表计处无电流则证明二次回路开路。

① 当电流互感器出现二次回路断线时，应减小互感器一次电流或临时断开一次回路，将其修复后再恢复供电。

② 如果接线端子压接不良出现火花，可由一人监护，另一人戴好绝缘手套站在绝缘垫上将压线螺钉拧紧。

③ 安装电流互感器时，应确保其二次接线接触良好，且不允许串接熔断器和开关。

④ 检修、调试继电保护或测量仪表时，若有可能造成二次开路，必须先用电流试验端子将互感器二次短接，以免互感器二次开路运行。

2. 电流互感器一次压接线处发热故障的原因及排除

(1) 故障现象

电流互感器一次压接线处发热，一般是压线处的测温蜡片变色，严重时可引起电流互感器过热，在压线处出现放电现象。若不及时处理，可能导致短路、接地等故障。

(2) 故障原因

① 一次压接线压接不紧。

② 母线铝排与电流互感器的铜排相接处产生电化反应。

③ 接线板表面严重氧化或接线板接触面积小。

④ 电流互感器内部一次接线压线不良。

(3) 排除方法

① 在处理压接线处发热时，可将压接处重新打磨平滑，涂上导电膏后加弹簧垫圈压紧。

② 如果接线板接触面积小，应增大接线板长度，必要时可用螺钉加以固定。

3. 电流互感器声音异常故障原因及排除

(1) 故障现象

正常运行中的电流互感器由于铁芯的振动，会发出较大的"嗡嗡"声。但是若所接电流表的指示超过了电流互感器的额定允许值，电流互感器就会严重过负荷，同时伴有过大的噪声，甚至会出现冒烟、流胶等现象。

(2) 故障原因

① 电流互感器长期过负荷。

② 电流互感器二次回路开路。
③ 电晕放电或铁芯穿心螺栓松动。
(3) 排除方法
① 如果是过负荷，应采取措施降低负荷至额定值以下，并继续进行监视观察。
② 如果是二次回路开路，应立即停止运行，或将负荷减少至最低限度进行处理，但须采取必要的安全措施，以防止人身触电。
③ 如果电晕放大，可能是瓷套管质量不好或表面有较多的污物和灰尘。对于质量不好的瓷套管应更换，对其表面的污物和灰尘应及时清理。
④ 如果电流互感器内部严重放电，多为内部绝缘能力降低，造成一次对二次或对铁芯放电。应立即停电进行处理。
⑤ 如果铁芯穿心螺栓松动，电流互感器异常响声一般随负荷的增大而增大，若不及时处理，互感器可能严重发热，使绝缘老化，导致接地、绝缘击穿等故障，应停电处理并紧固松动的螺栓。
4. 电流互感器一次线圈烧坏故障的原因及排除
(1) 故障原因
① 绕组间绝缘损坏或长期过负荷。
② 线圈的绝缘击穿，主要是由于线圈的绝缘本身质量不好，或二次线圈开路产生高达数千伏的电压，使绝缘击穿，同时也会引起铁芯过热，导致绝缘损坏。
(2) 排除方法
一旦发现电流互感器一次线圈烧坏，应更换线圈或更换合适变压比和容量的电流互感器。
5. 电流互感器线圈和铁芯过热故障的原因及排除
(1) 电流互感器线圈和铁芯过热一般是由于二次线圈匝间短路或长期过负荷，应检查线圈故障或将负荷降低至额定容量以下。
(2) 电流互感器二次线圈回路开路，处理二次回路开路的方法与电压互感器二次回路方法类似。

(五) 软启动装置调试、启动及运行故障

1. 在调试过程中出现启动时显示缺相故障，软启动器故障灯亮，电动机没有反应。故障原因及处理如下。
(1) 启动方式采用带电方式时，操作顺序有误。正确操作顺序应为先送主电源，后送控制电源。
(2) 电源缺相，软启动器保护动作。应检查电源。
(3) 软启动器的输出端未接负载。输出端接上负载后软启动器才能正常工作。
2. 用户在启动过程中，偶尔有出现空气开关跳闸的现象。故障原因及处理如下。
(1) 空气开关长延时的整定值过小或者是空气开关选型和电动机不匹配。可将空气开关的参数适量放大或者空气开关重新选型。
(2) 软启动器的起始电压参数设置过高或者启动时间过长。可以根据负载情况将起始电压适当调小或者启动时间适当缩短。
(3) 在启动过程中因电网电压波动比较大，易引起软启动器发出错误指令，出现提前旁路现象。建议不要同时启动大功率的电机。
(4) 启动时满负载启动。应尽量减轻负载。
3. 在使用软启动器时出现显示屏无显示或者是出现乱码，软启动器不工作。故障原因及处理如下。
(1) 软启动器在使用过程中因外部元件所产生的震动使软启动器内部连线松动。打开软启动器的面盖将显示屏连线重新插紧即可。
(2) 软启动器控制板故障。建议联系厂家更换控制板。
4. 软启动器在启动时发生故障，软启动器不工作，电动机没有反应。故障原因及处理如下。

(1) 电动机缺相。建议检查电动机和外围电路。

(2) 软启动器内主元件可控硅短路。建议检查电动机以及电网电压是否有异常,联系厂家更换可控硅。

(3) 滤波板击穿短路。更换滤波板即可。

5. 软启动器在启动负载时,出现启动超时现象,软启动器停止工作,电动机自由停车。故障原因及处理如下。

(1) 参数设置不合理。建议重新整定参数,起始电压适当升高,时间适当延长。

(2) 启动时满负载启动。启动时应尽量减轻负载。

6. 在启动过程中,出现电流不稳定、电流过大现象。故障原因及处理如下。

(1) 电流表指示不准确或者与互感器不相匹配。应更换新的电流表。

(2) 电网电压不稳定,波动比较大,引起软启动器误动作。应联系厂家更换控制板。

(3) 软启动器参数设置不合理。应重新整定参数。

7. 软启动器重复启动。故障原因及处理如下。

在启动过程中外围保护元件动作,接触器不能吸合,导致软启动器重复启动;应检查外围元件和线路。

8. 启动完毕,旁路接触器不吸合。故障的原因及处理如下。

(1) 在启动过程中,保护装置因整定偏小出现误动作。将保护装置重新整定即可。

(2) 在调试时,软启动器的参数设置不合理。主要针对的是 55 kW 以下的软启动器,应重新设置启动器参数。

(3) 控制线路接触不良。应检查控制线路。

9. 在启动时出现过热故障灯亮,软启动器停止工作。故障原因及处理如下。

(1) 启动频繁,导致温度过高,引起软启动器过热保护动作。软启动器的启动次数要控制在每小时不超过 6 次,特别是重负载时一定要注意。

(2) 在启动过程中,保护元件动作,使接触器不能旁路,软启动器长时间工作,引起保护动作。应检查外围电路。

(3) 负载过重、启动时间过长引起过热保护。启动时,应尽可能地减轻负载。

(4) 软启动器的参数整定不合理,时间过长,起始电压过低。应将起始电压升高。

(5) 软启动器的散热风扇损坏,不能正常工作。应更换风扇。

10. 可控硅损坏故障的原因及处理如下。

(1) 电动机在启动时,过电流将软启动器击穿。应检查软启动器功率是否与电动机的功率相匹配,电动机是否带载启动。

(2) 软启动器的散热风扇损坏。应更换风扇。

(3) 启动频繁,过热引发可控硅损坏。应控制启动次数。

(4) 滤波板损坏,输入缺相。引起此故障的因素有很多:① 检查进线电源与电动机进线是否有松脱;② 输出是否接有负载,负载与电动机是否匹配;③ 用万用表检测软启动器的模块或可控硅是否击穿,以及触发门极电阻是否符合正常情况下的要求(一般为 20~30 Ω);④ 内部的接线插座是否松脱。

11. 软启动器运行故障

会出现相应的故障指示:LINE(线路)、START(启动)、STALL(失速)、TEMP(温度)中 1 个或多个故障指示灯亮。

(1) 控制电源故障

判断故障时,首先查看控制电压状态指示灯是否正常,如果控制电源消失,应检查控制电源供电回路。控制电源恢复后,确认没有故障指示后可再启动一次。

(2) START(启动)故障

启动故障的原因主要有:门电路开路,应检查电阻,必要时更换电源电极;门导线松动,应对门导线加以紧固。

(3) STALL(失速)故障

① 电动机转动部分卡涩、连接负载机械部分卡涩或者过载严重。

② 失速功能选取不当,如果不选用此功能则应在该软启动器设置中退出该功能或将双列开关置 OFF 位。

③ 软启动器控制组件的问题。应检查软启动器本身。

(4) TEMP(温度)故障

① 软启动器通风道堵塞或者风扇故障。因为软启动器采用可控硅进行控制,存在发热的问题,正常运行温度必须在 0~50 ℃之间,保证可靠的通风,可及时排除可控硅工作时散发的热量。

② 环境温度过高或者电动机启动瞬间过载严重,引起温度保护动作。这是因为在软启动器内部采用内热敏电阻监视可控硅整流器的温度,当达到电源极的最大额定温度时,将关闭可控硅整流器,门信号关闭,软启动器停止工作。如果环境温度过高加上启动瞬间负荷过载,整流器温度会急剧升高,引起保护跳闸,因此应降低环境温度。在解决温度故障时必须从环境温度和所接负载的工况两方面考虑,如果机械部分存在过载,可控硅整流器也会在瞬间过热严重,无法启动。

(5) 线路故障

① 动力电源供电消失或者熔断器熔断。

② 供电电源三相不平衡或者与电动机连接的三相电源线松动或者电动机故障。

③ 软启动器本身故障,如控制回路故障或者门电阻器开路。

在实际生产过程中出现的故障多数是失速和温度故障,软启动器本身出现问题的情况很少。

(6) 软启动器使用注意事项

① 电动机软启动器安装和接线须有专业技术人员负责操作,并遵循相应的安装标准和安全规程。在安装和接线之前请详细阅读产品安装使用说明书。

② 电动机软启动器通电时,严禁接线,须在确认断开电源后,才能进行,否则有触电危险。

③ 设备在不使用及维修时,必须断开进线空气开关。

④ 软启动回路为可控硅元件,严禁用高压欧姆表测量其绝缘电阻。

⑤ 软启动器正常工作时自动输出旁路。

⑥ 软启动器调试时必须接负载(可以小于实际负载)。

⑦ 远程端子禁止有源输入。

⑧ 主回路必须加快速熔断器。

⑨ 接线时,三相输入电源务必接在 R、S、T 端子上,连接电动机的输出线接在 U、V、W 端子上,否则会造成电动机软启动器严重损坏。

⑩ 电动机软启动器维修时,务必先断开电源,确保安全。

三、高低压设备典型故障案例分析

(一) 高压断路器故障

1. 断路器操作故障及原因

断路器是高压开关柜内的重要部件,其操作的可靠性直接关系到高压开关柜的运用安全性。操动失灵表现为断路器手动或误动,由于高压断路器最基本、最重要的功能是正确动作并迅速切除电网故障,若断路器发生拒动或误动,将对电网构成严重威胁,例如扩大事故影响范围,使本来单纯的回路故障扩大为系统事故或大面积停电事故。导致失灵的主要原因有:操动机构缺陷、断路器本体机械缺陷、操作电源缺陷等。

操动机构包括电磁机构、弹簧机构和液压机构。现场统计表明，操动机构缺陷是操动失灵的主要原因，约占70%左右。对电磁与弹簧机构，其机构故障的主要原因是卡涩，卡涩既可能是因为原装配调整不灵活，也可能是因为维护不良；造成机构故障的另一个原因是锁扣调整不当，运行中断路器发生自跳故障多半是此类原因。各连接部位松动、变位，多半是由于螺钉未拧紧、销钉未上好或原防松结构有缺陷。值得注意的是松动、变位故障远多于零部件损坏故障，由此可见，防止松动的意义并不亚于防止零部件损坏。对液压机构，其机械故障主要是密封不良造成的，因此保证高油压部位密封可靠是特别重要的。

机构的电气缺陷所造成的故障主要是由辅助开关、微动开关缺陷引起的，辅助开关的故障多数为不切换，往往会造成操作线圈烧坏，此外还有由于切换后接触不良造成拒动的故障。微动开关主要是指操作机构等上的联动、保护开关。

断路器本体的电器缺陷造成断路器本体操动失灵的缺陷皆为机械缺陷，其中包括瓷瓶损坏、连接部位松动、零部件和异物卡涩等。

断路器的操作电源缺陷也是操动失灵的原因之一，在操作电源缺陷中，操作电压不足是最常见的缺陷，其原因多半是操作电源在系统发生故障时电压大幅度降低，使实际操作电压低于规定的下限。

2. 断路器合闸失灵的几种情况

造成断路器合闸失灵的原因是多方面的。诸如合闸时操作方法不当，合闸母线电压质量达不到要求，控制回路断线以及机械故障等，但归纳起来不外乎两方面的原因：电气二次回路故障和机械故障。当断路器出现拒合现象时，作为运行值班人员应能区分是电气二次回路故障还是操作机构的机械故障。区分二者的主要依据是看红绿灯的指示、闪光变化情况以及合闸接触器和合闸铁芯的动作情况。

（1）当控制开关旋到"合闸"位置，红绿灯指示不发生变化，此种现象已说明操作机构没有动作，问题主要在电气二次回路上。例如合闸保险熔断或接触不良；合闸母线电压太低，依据《高压断路器运行规程》要求，对于电磁机构操作的合闸电源，其合闸线圈通流时，端子电压不应低于额定电压的80%，最高不得高于额定电压的110%，如果合闸母线电压太高或太低，均会造成断路器拒合；合闸操作回路元件接触不良，控制开关的接点、断路器的辅助开关触点、防跳继电器的触头接触不良，都会使合闸操作回路不通，从而使直流合闸接触器线圈不能带电吸合，启动合闸操作回路时发生拒合现象；如果操作回路中接线端子松动，或者合闸接触器线圈断线等同样会造成二次回路不通而发生拒合现象。

（2）当控制开关旋到"合闸"位置，绿灯灭，红灯不亮，机械分合指针指在"合"位，则说明开关已在"合闸"位置，此时应检查一下灯泡、灯座、操作保险以及断路器的常开辅助接点是否接触不良。

（3）当控制开关旋到"合闸"位置，绿灯灭后复亮，造成此种现象原因可能有两个方面：① 合闸电源电压太低，导致操作机构未能把开关提升杆提起，传动机构动作未完成；② 操作机构调整不当，如合闸铁芯超程或缓冲间隙不够，合闸铁芯顶杆调整不当等，遇到此种情况，应请专业检修人员修理。

（4）如果电磁操作机构在合闸时开关出现"跳跃"，此现象多是开关常闭辅助接点打开过早或是传动试验时，合闸次数过多，导致合闸线圈过热等原因引起的。

（5）合闸接触器（电磁机构）合闸（弹簧机构）不动作，属二次回路不通。可以使用仪表测量的方法，查出回路中的断线点。

（6）合闸接触器（电磁机构）已动作，但合闸（弹簧机构）未动作。原因有：合闸熔断器熔断或接触不良，无合闸电源，合闸接触器触点接触不良或被灭弧罩卡住。应区分是电气二次回路故障，还是操动机构机械故障，缩小查找范围，直至查明并排除故障。

（7）如果在短时间内能够查明并自行排除故障，应采取相应的措施，排除故障后合闸送电。

（8）如果在短时间内不能查明故障，或者故障不能自行处理，可以先将负荷倒至备用电源带，或将负荷倒至旁路母线带以后，再检查处理故障。如无上述条件，又需要紧急送电时，在能保证断路器跳闸可靠的前提下，允许用手动接触器（电磁机构）进行合闸操作或手动按合闸铁芯（弹簧机构）进行合闸操作，待恢复送电以后处理故障。如果断路器的问题较大，应全部处理完毕才能合闸送电。

如果检查出的故障不能自行处理，或未能查明原因，应向上级汇报，通知检修人员检查处理。应注意,检查处理断路器操动机构问题时,应拉开其两侧隔离开关或将手车拉至检修位置。

(二)熔断器故障

1. 判断熔断器熔体是短路熔断还是过载熔断的方法

(1)熔体过载熔断:熔体在过载电流下熔断时是逐渐熔化的,响声不大,熔体仅在一两处熔断,断口较窄。管子内壁没有烧焦现象,也没有大量熔体的蒸发物附在管壁上。

(2)熔体短路熔断:熔体由于短路电流熔断时,由于是瞬时熔断,响声较大,熔体有多处熔断,断口较宽,电弧产生的糊焦痕迹一般很大。有时还可能在电器壳体和触点之间产生碳化导电薄层。

2. 玻璃管密封型熔断器中熔体熔断的故障判断

(1)当在熔体中长时间通过近似额定电流时,熔体一般在中间部分熔断,但不延长,熔体气化后附在玻璃管壁上。

(2)当1.6倍左右额定电流反复在熔体中通过和断开时,熔体一般在某一端熔断并伸长。

(3)当2~3倍额定电流反复在熔体中通过和断开时,熔体在中间部分熔断并气化,但无附着现象,冲击电流会使熔体在金属帽附近某一端熔断。

(4)当大电流(短路电流)通过时,熔体几乎全部熔化。

3. 熔断器过热故障的原因及排除

(1)接线桩头螺钉松动,导线接触不良。应清洁螺钉、垫圈,拧紧螺钉。

(2)接线桩头螺钉锈死,压不紧导线。应更换螺钉、垫圈。

(3)导线过细,负荷过大。应更换相应较粗的导线。

(4)铜铝连接,接触不良。应将铝导线换成铜线,或对铝导线作搪锡处理。

(5)触刀或刀座锈蚀。可用砂布、细锉或小刀除净,或更换熔断器。

(6)触刀与刀座接触不紧密。应将刀座或插尾的插片用尖嘴钳钳拢些;若已失去弹性,应予以更换。

(7)熔体与触刀接触不良。应使两者接触良好。

(8)熔断器规格太小,负荷过大,而熔体太大。应更换成大号的熔断器。

(9)环境温度过高。应改善环境条件。

4. 熔断器熔体误熔断故障的原因及防止措施

故障原因主要如下:

(1)熔体两端或熔断器的触点间接触不良引起局部发热,使熔体温度过高而熔断;

(2)熔体规格选择不当;

(3)熔体本身氧化或有机械损伤,使熔体的实际截面变小;

(4)熔断器周围的环境温度过高造成熔体误熔断。

防止措施主要如下:

(1)正确选择熔体规格,使熔体额定电流大于被保护线路通过的额定电流。

(2)安装熔体时应精心操作,不可弯折和损伤熔体,以防由于熔体截面减小、额定电流降低而引起的误熔断;

(3)更换熔体时,应对接触部位进行修整,保证熔断器动触点与静触点(RL1型)、触片与插座(RM1型)、熔体与底座(RL型、RTO型、RSO型)之间接触良好,避免由于接触不良造成过热而使熔体误熔断;

(4)若熔断器周围环境温度比被保护对象的周围环境温度高出很多,应加强熔断器安装部位的通风,以避免散热不良、温升过高而引起熔体误熔断;

(5)若熔体氧化腐蚀,使额定电流降低,应在贮存熔体时防止其受潮氧化或被其他物质腐蚀。

5. 熔断器熔体过早熔断的原因分析

(1)熔体容量选得太小,特别是在电动机启动过程中发生过早熔断、使电动机不能正常启动;

(2) 熔体变色或变形,说明该熔体曾经过热。熔体的形状直接影响熔体的熔断特性,人为改变熔体形状会使熔体过早熔断。

6. 熔断器熔体不能熔断的原因分析

熔体容量选得过大,特别是更换熔体时,选择了电流等级更大的熔体或用其他金属丝(如铜丝)代替,当线路发生短路时,熔体不能熔断,这样不仅不能保护线路或电气设备,严重时甚至还会烧坏线路或电气设备。

(三) 低压断路器故障

1. 断路器合闸失灵故障的原因及排除方法

(1) 手动操作断路器

① 失压脱扣器无电压或线圈烧坏。应检查加上电压或更换线圈。

② 储能弹簧变形,导致闭合力减小,从而使触点不能完全闭合。应换上合适的储能弹簧。

③ 反作用弹簧力过大。应重新调整弹簧。

④ 脱扣机构不能复位再扣。应调整脱扣器,将再扣接触面调到规定值。

⑤ 如果手柄可以推到合闸位置,但放手后立即弹回,应检查各连杆轴销的润滑状况。若润滑油已干枯,应加新油,以减小摩擦阻力。

⑥ 如果触点与灭弧罩相碰,或动、静触点之间以及操作机构的其他部位有异物卡住,也会导致合闸失灵。应根据具体情况进行处理。

(2) 电动操作断路器

① 操作电源电压不符。应更换电源。

② 电源电压过低。应调整电压,使之与操作电压相适应。

③ 电磁铁拉杆行程不够。应重新调整或更换拉杆。

④ 电动机操作定位开关失灵。应重新调整或更换开关。

⑤ 控制电路接线错误,或电路中的元件损坏。应改正接线或更换损坏元件。

⑥ 操作电源的容量过小。应更换操作电源。

⑦ 熔断器的熔体熔断。应换上合适的熔体。

2. 分励脱扣器不能使断路器分断故障的原因及排除方法

(1) 分励脱扣器线圈短路。应更换线圈。

(2) 电源电压过低。应调整电源电压。

(3) 脱扣器整定值太大。应重新调整脱扣值或更换断路器。

(4) 螺栓松动。应拧紧螺栓。

3. 失压脱扣器不能使断路器分断故障的原因及排除方法

(1) 反力弹簧拉力变小。应调整弹簧的弹力。

(2) 属储能释放,是储能弹簧拉力变小。应调整储能弹簧。

(3) 操作机构卡死。应查明原因并予以排除。

4. 启动电动机时断路器立即分断故障的原因及排除方法

(1) 过电流脱扣器瞬时整定电流太小。应调整过电流脱扣器瞬时整定弹簧。

(2) 空气式脱扣器阀门失灵或橡皮膜破裂。应修复阀门或更换橡皮膜。

(3) 脱扣器反力弹簧断裂或落下。应更换弹簧或重新安装。

(4) 脱扣器的某些零件损坏。应更换脱扣器或更换损坏零件。

5. 断路器工作一段时间后自行分断故障的原因及排除方法

(1) 过电流脱扣器长延时整定值不对。应重新调整整定值。

(2) 热元件或半导体延时电路元件变质。应更换元件。

6. 失压脱扣器噪声大的原因及排除方法

(1) 反力弹簧力过大。应重新调整弹簧力。

(2) 铁芯工作面有油污。应清除油污。

(3) 短路环断裂。应更换衔铁或铁芯。

7. 断路器温升过高故障的原因及排除方法

(1) 触点压力降低较多。应调整触点压力或更换弹簧。

(2) 触点表面磨损较多或接触表面较为粗糙。应更换触点或修正触点工作面,使之平整、清洁或更换断路器。

(3) 连接导线紧固螺钉松动。应拧紧螺钉。

(4) 过负荷。应立即减轻负荷,观察是否继续发热。

(5) 触点表面氧化或有油污。应清除氧化膜或油污。

8. 断路器辅助触点不通故障的原因及排除方法

(1) 辅助开关的动触桥卡死或脱落。应拨正或重新安装好触桥。

(2) 辅助开关传动杆断裂或滚轮脱落。应更换传动杆和滚轮或更换辅助开关。

(3) 触点接触不良或表面氧化,有油污。应调整触点或清除氧化膜与油污。

9. 断路器线圈烧坏故障的原因及排除方法

(1) 合闸线圈在完成合闸后辅助触点未能及时将合闸线圈的电源切断。由于线圈按其设计特点都只能短时通电工作,若线圈在开关合闸后不能及时断电,长时间带电运行,必将会由于过热而烧坏,应检查辅助开关的触点是否良好,有无烧结、粘连现象。

(2) 机械机构失灵,应检查主开关与辅助开关的联动机构是否正常。当联动机构失灵时,辅助开关的触点将不能正常开合,导致线圈不能及时断电。

(3) 接线错误使线圈不能断电。应按电气原理图检查控制电路接线。

(4) 线圈回路中有接地现象,使线圈不再受辅助开关的控制,一接通电源后线圈即带电。应检查线路绝缘,排除接地故障。

10. 断路器的压线部位过热故障的原因及排除方法

(1) 压线松动,使压线部位接触电阻过大。应紧固螺钉,使其接触良好。

(2) 压线螺栓偏小。应按规定选用尺寸合适的螺栓。

(3) 铜接线柱与铝线的连接处发生了电化反应造成锈蚀。应清除锈蚀,采用铜铝过渡接线端子,并在连接部位涂导电膏,以防止电化锈蚀。

11. 断路器把手转动不灵活的原因及排除方法

(1) 断路器的定位机构损坏。应进行检修或更换。

(2) 断路器静触点未固定好,使动触点受阻。应将静触点的固定螺钉重新固定好。

(3) 断路器转轴内有异物卡阻。应拆开检查,清除异物。

12. 断路器半导体过电流脱扣器误动作的原因及排除方法

(1) 半导体元器件损坏。应更换损坏的元器件。

(2) 周围强电磁场干扰引起半导体脱扣器误触发。应采取隔离措施或改进线路。

(四) 继电器故障

1. 继电器不能动作故障的原因及排除方法

(1) 线圈断路。应更换线圈。

(2) 线圈额定电压高于电源电压。应更换额定电压合适的线圈。

(3) 运动部件被卡住。应找出卡住的部位并加以调整。

(4) 运动部件歪斜或生锈。应拆开有关部件,除锈后重新安装调整。

2. 继电器不能完全闭合或闭合不牢的原因及排除方法

(1) 线圈电源电压过低。应调整电源电压或更换额定电压合适的线圈。

(2) 运动部件被卡住。应找出卡住的部位并进行调整。

(3) 触点弹簧或释放弹簧压力过大。应调整弹簧压力或更换弹簧。

(4) 交流铁芯极面不平或严重生锈。应更换分磁环或更换铁芯。

3. 继电器线圈损坏或烧毁故障的原因及排除方法

(1) 空气中含有粉尘、水蒸气和腐蚀性气体等,使绝缘损坏。应更换线圈,必要时还要涂覆特殊绝缘漆。

(2) 线圈内部断线。应重绕或更换线圈。

(3) 线圈由于机械碰撞和振动而损坏。应查明原因并进行适当处理后,再修复或更换线圈。

(4) 线圈在过电压或欠电压下运行电流过大。应检查并调整线圈电源电压。

(5) 线圈额定电压比电源电压低。应更换额定电压合适的线圈。

(6) 线圈匝间短路。应更换线圈。

4. 继电器触点严重烧损或熔焊故障的原因及排除方法

(1) 负载电流过大。应查明原因,采取适当措施,减小负载电流。

(2) 触点积聚尘垢。应清理触点接触面。

(3) 电火花或电弧过大。应采用灭弧电路。

(4) 触点烧损过大,接触面接触不良。应修整触点接触面或更换触点。

(5) 触点超程太小。应更换触点。

(6) 触点接触压力太小。应调整触点弹簧或更换弹簧。

(7) 继电器闭合过程中振动过激或多次发生振动。应查明原因,采取相应措施减少振动或消除振动。

(8) 接触面上有金属颗粒凸起或异物。应清理触点接触面。

5. 继电器不释放故障的原因及排除方法

(1) 释放弹簧反力太小。应更换合适的弹簧。

(2) 铁芯极面残留黏性油脂。应将极面清理干净。

(3) 交流继电器防剩磁气隙太小。应用细锉将有关极面锉去 0.1 mm 左右。

(4) 直流继电器的非磁性垫片磨损严重,应更换非磁性垫片。运动部件被卡住,应查明原因适当处理。

(5) 触点已熔焊。应撬开已熔焊的触点,并更换触点。

6. 继电器触点虚接的原因及排除方法

(1) 继电器线圈的实际电压过低(低于额定电压的85%)。应检查电源电压,控制线路的电源电压,应尽量避免采用 24 V 以下的低电压,若确有必要采用 24 V 电压时,可采用并联型触点,以提高工作的可靠性。

(2) 控制线路中某些接点或压接线接头处接触电阻过大,造成线路压降过大。应及时检查线路连接的接触情况。

7. 继电器控制电感性负载时触点磨损过快或火花过大的原因及排除方法

(1) 故障原因

① 若继电器触点动作频繁,触点的压力又比较小,当分断任务很重时,往往会出现触点磨损过快。

② 在电感性电路中,触点断开时电感的储能引起电弧和火花。

(2) 排除方法

① 在触点两端并联阻容吸收装置,用电容器吸收触点断开时电感的储能,使电弧能量减小并很快熄灭。

② 在电感性负载两端并联阻容吸收装置或续流电阻、续流二极管等。当触点断开时,由于放电电流方向相反,电磁能便消耗在并联回路中,因此,应注意二极管极性不要接错。

③ 阻容吸收装置为电阻与电容串联。电容的大小可按负载电流的大小来选取,一般取 $0.2\sim2$ pF,也可由实验确定。

8. 时间继电器延时不准确的原因及排除方法

(1) 空气阻尼式时间继电器

① 空气室拆开后重新装配时,未按规定操作,造成空气室密封不严、漏气,使延时不准确,严重时甚至不延时。维修时不要随意拆开空气室,装配时应按规定的技术要求操作,保证空气室密闭。

② 空气室内不清洁,灰尘或微粒侵入空气通道,使气道阻塞,延时时间延长。应拆下继电器,在空气清洁的环境中拆开空气室,清理灰尘,然后重新装配。

③ 安装或更换时间继电器时,安装方向不对,造成空气室工作状态的改变使延时不准确。继电器在安装时不能倒装,也不能水平安装。

④ 使用时间长,空气湿度变化,使空气室中橡皮膜变质、老化、硬度改变,造成延时不准确。应及时更换橡皮膜。

(2) 晶体管式时间继电器。

① 调节延时时间的可调电位器使用时间长,电位器内碳膜磨损或侵入灰尘,使延时时间不准确,可用少量汽油顺着电位器旋柄滴入,并转动旋柄,或更换磨损严重的电位器。

② 晶体管损坏、老化,造成延时电路参数改变,使延时时间不准确,甚至不延时。应拆下继电器予以检修或更换。

③ 晶体管时间继电器由于受振动影响,元件焊点松动,插座脱离。应进行仔细检查或重新补焊。

④ 检查元件的外观有无异常,不要随意拆开外壳进行调换、焊接,以免损坏元件,扩大故障面;在更换或代用时,应用相同型号、相同电压、延时范围接近的晶体管时间继电器。

(3) 电磁式时间继电器延时不准,多为非磁垫片磨损。

(4) 钟表式时间继电器延时不准,多为钟表机构的故障。

四、高低压设备故障预防措施

1. 高低压设备应按照国际有关标准和国内相应标准,结合具体条件,严格审查,严把质量关,避免运行中发生问题。

2. 高压开关柜应当优先选用具备连续运行功能和"五防"功能齐全的加强绝缘型产品。其母线室、断路器室、电缆室应当相互独立,外绝缘应满足相关条件。

3. 断路器在安装前要认真检查其外观情况,避免安装后给调试造成困难,断路器从包装箱中起吊时,挂钩应挂在断路器上有明显标识的起吊孔处,搬迁时不得使上、下出线臂受力,同时避免断路器受到较大的振动冲击。

4. 依据《20 kV 及以下变电所设计规范》(GB 50053—2013)、《建筑物防雷设计规范》(GB 50057—2010),将所用电进线过电压保护器(TBP)更换为交流无间隙金属氧化锌避雷器 YH5WZ—17/45;将 10 kV 终端杆柱上真空开关两端避雷器,更换为交流无间隙金属氧化锌避雷器 YH5WZ—17/45,并按 GB 50057—2010 要求进行可靠接地;有条件时,增加柱上真空断路器的保护装置,当避雷器发生故障时,断路器能及时保护跳闸。

5. 定期对高压电气设备进行试验,特别是对供电电缆线路进行定期实验,及时消除设备缺陷;定期巡视供配电线路,并做好记录,对电缆接头、进出建筑物支撑架、电缆转弯处等故障隐患点进行重点排查。

6. 电容器应配置足够的空间,并配备合理的散热排风设施。根据《并联电容器装置设计规范》(GB 50227—2017)第 4.2.9 小节第 7 条,应设有谐波含量超限保护、自动投切控制器、保护元件、信号和测量表计等配套器件。

7. 在日常维护时,应注意检查电网电压,改善变频器、电机及线路的周边环境,定期清除变频器内部灰尘。另外要根据具体使用情况,合理设定变频器参数,通过加强设备管理,最大限度地降低变频器的故障率。

第四节　励磁装置故障及排除方法

一、励磁装置简介

励磁系统是同步电动机的重要组成部分,其稳定性直接影响到水泵机组的运行稳定性,因此,励磁系统应具有工作可靠、性能优越、接线简单、自动化程度高等特点。同步电动机励磁装置主要功能是向同步电动机提供一个稳定、可靠、大小可以调节的直流电源,以满足同步电动机正常运行的需要。励磁装置包括:励磁电源、投励环节、调节和信号以及测量仪表等。

二、励磁装置故障排除方法实例

同步电动机励磁装置,如 WKLF-11 型励磁装置出现故障时,可以从故障现象上进行类型判断,也可以通过查找故障代码,根据代码进一步判断故障类型。

(一) 可控硅触发脉冲故障

1. 故障现象

励磁正常投入后,某工作点励磁表记突然开始摆动。励磁装置起励至发电机额定电压80%,然后继续增磁到大约90%时,励磁表计开始反复摆动,几次均有此现象发生,此时检查采样回路、适配单元、脉冲的控制电压都正常。用示波器观察脉冲,正常时为双脉冲,随着增磁到上次故障点时,双脉冲变成"三"脉冲,即在双脉冲的第一个脉冲前沿,又多了一个时有时无的"虚"脉冲,造成可控硅误触发,导致故障发生。

2. 故障检查

励磁波动较大且不稳定,励磁表计有轻微的抖动是正常的,但当摆动较大时,则属于故障。

(1) 励磁装置从运行数值突然向满刻度方向摆动,然后又恢复正常,其变化规律无常,但当增、减磁时仍然可以进行调节,这是由移相脉冲的波动引起的。应检查脉冲的控制电压是否正常,而脉冲的控制电压是由励磁量测值(电动机电压或励磁电流)、给定值经 PID 调节输出的。因此,先检测励磁装置的电源是否正常,再分别检查给定值、励磁量测值两路信号是否正常。可用万用表和示波器检查给定值、励磁量测值输入及经适配单元后的测量值是否稳定、正常。

(2) 当励磁整流波形脉动成分较大时,励磁表计抖动明显。用示波器观察可控硅整流波形,仅能看到4个甚至2个可控硅导通波形。首先用万用表或专用仪器检测可控硅的性能是否良好;再用示波器观察6个脉冲信号是否存在,检查触发脉冲的形成、预放及脉冲变压器原、次端的信号是否正常,并与同步电压进行相位的比较,观察脉冲的移相角度、宽度及幅值是否正常。出现此类现象大部分情况是设备在使用过程中由于现场环境温度的变化、振动、氧化等作用,使电子元器件的工作特性和焊接状态受到影响。因此,发生故障时要及时修复,平时定期对励磁装置进行维护、调试,及时更换损坏的元器件。

(3) 检查与励磁相关的长导线,是否由于现场较长的导线在电缆沟中形成容性耦合、屏蔽层是否接地良好。

3. 故障排除

如果是励磁元器件出现故障,应更换相应元器件;如果是导线问题,应更换脉冲屏蔽线,并将电缆屏蔽层可靠接地。

(二) 励磁变压器的相序、相位错误造成的故障

1. 故障现象

励磁装置对于可控硅同步信号有着严格的要求,因此对于励磁变压器不仅要求相序正确,相位也要正常。某泵站机组在发电过程中,水泵机站升至额定转速后,励磁起励,电动机迅速建压。但当继续增磁时,电动机突然过压,灭磁开关跳开。

2. 故障分析

该装置的励磁变压器为 Y/Δ-11 接法,经现场检查,该励磁变压器原端的三相电缆是 C、B、A 接法,误以为将励磁变压器次端也按 C、B、A 接线就可以了,而实际上没有考虑励磁变压器 Y/Δ-11 接法,经这样接线后变成了 Y/Δ-1 接法,使励磁变压器相位发生了变化,从而造成可控硅整流失控。

3. 故障排除

将励磁变压器原、次端电缆重新安装,励磁工作正常。

对于励磁变压器的相序、相位错误,可用示波器、相序表进行检查,也可以测母线与励磁变压器原端的电压差,同相时应无电压,异相时则应显示出电压差,如此依次测量即可找出故障点并顺利解决。

(三) PT 回路断线故障

1. 故障现象

(1) 单套故障时,故障套为备机(若故障套为主机,将转入备机运行),通道故障灯亮,读写器检查故障总数为1,故障类型为 PT 回路断线,代码为 A07 或 B07。

(2) 双套同时发生该类故障,不发生切换,两套通道故障灯点亮,若故障前为闭环运行,故障发生后自动退出闭环,闭环灯熄灭,数码显示器上、下排全熄灭,用读写器查故障总数为2,故障类型均为 PT 回路断线故障,代码为 A07 和 B07。

2. 分析处理

(1) 单套发生该类故障时,不影响机组正常运行,故障判别方法与单套同步信号丢失类似。

① 测量故障套 300 端子 PT 信号,UPT(300-18、300-24)或(300-46、300-52)电压应为 AC6.7V 左右。

② 更换通道板。

③ 更换主机板,若为主机板故障则应换回原通道板以确认其是否损坏。

(2) 双套都发生该类故障时,机组也可维持连续运行,但此时功率因数闭环已退出,励磁电流无法依负载或电网自动调节。

① 测量 600 端子上 PT 信号输入 YMB、YMC(600-20、600-21)之间电压应为 AC100V。

② 测量前置板 PT 信号输入(400-34、400-35)之间应为 AC100V。

③ 测量前置板 PT 信号输出 BPT(400-15、400-16) 和 APT(400-29、400-28)的电压均应为 AC6.7V 左右。

④ 选择时机停机,拔出电源箱插件,检查 400 单元母板是否有烧痕。

⑤ 更换前置变换插件,更换时应将新插件上的电阻 R3—R6 按《现场实验报告》上记录的阻值重新配置。

（四）CT 回路断线故障

1. 故障现象

（1）单套故障时,故障套为备机(若故障套为主机,将转入备机运行),通道故障灯亮,读写器检查故障总数为 1,故障类型为 CT 回路断线,代码为 A08 或 B08。

（2）双套同时发生该类故障,不发生切换,两套通道故障灯点亮,若故障前为闭环运行,故障发生后自动退出闭环,闭环灯熄灭,数码显示器上、下排全熄灭,用读写器查故障总数为 2,故障类型均为 CT 回路断线故障,代码为 A08 和 B08。

2. 故障处理

（1）单套发生该类故障时,不影响机组正常运行,故障判别方法与单套 PT 回断线故障类似。

① 测量故障套 300 端子 CT 信号,UCT（300－16、300－21）或（300－48、300－53）电压应为 AC10V 以上(若此时电子电流非常小,该值会稍偏低)。

② 更换通道板。

③ 更换主机板,若为主机板故障则应换回原通道板以确认其是否损坏。

（2）双套都发生该类故障时,机组也可维持连续运行(伴随有其他故障发生时,可能会跳闸停机),但此时功率因数闭环已退出,励磁电流无法依负载或电网自动调节。由于 CT 开路时会在回路上产生过电压,有可能导致其他周边回路联锁击穿,应依现场实际情况具体分析。

① 观察仪表板上定子电流表是否有指示。

② 测量前置板 CT 信号输出 BCT（400－18、400－9）和 ACT－26、400－25）（400－26、400－2）的电压均应为 AC10V 以上,若此时电流非常小,该值会稍偏低。

③ 选择时机停机,拔出电源箱插件,检查 400 单元母板是否有烧痕。

④ 更换前置变换插件,更换时应将新插件上的电阻 R3—R6 按《现场试验报告》记录的阻值重新配置。

（五）再整步不成功故障

1. 故障现象

失步灯点亮,电动机跳闸停机,用读写器检查故障总数为 2,故障类型分别为电动机失步和再同步失败,故障代码为 A09、A11(表示故障前主机为 A 套)或 B09、B11(表示故障前主机为 B 套)。

2. 分析与处理

首先应分析引起失步的原因,包括:励磁运行是否稳定(涉及调节器系数是否设置恰当);负载率是否超载;负载是否平稳,电网是否稳定;有无短时中断或短路情况。其次分析再整步失败的原因,包括:再整步滑差项参数是否设置恰当;电动机负载率是否过高;电网波动是否时间过长。最后从中分析:失步保护动作是否正确,再整步失败是否合理。

该类型故障通常装置并无硬件损伤,分析原因后可重新开机,但需复归信号指示,复归方法可参阅产品安装使用说明书。

（六）长时间不投励故障

1. 故障现象

电动机启动过程中,未及投励,即发出跳闸信号,电动机跳闸停机。读写器检查故障类型为长时不投励,代码为 A10（A 套主机时）或 B10（B 套主机时）。

2. 分析及处理

（1）参数项"启动闭锁"参数是否设置恰当,若电动机初次启动,无法估测启动时间,可将该参数适当延长。

(2) 参数项"投励滑差"及"全压滑差"以及"计时投励"是否设置恰当。
(3) 检查励磁电流测量环节是否正常,方法为调试位手动投励是否能正常工作。
(4) 工作位短接断路器辅助接点(可短接600单元22♯和24♯端子)模拟断路器合闸,观察装置是否能自动投全压投励;用读写器功能二测"启动时间"是否等于2倍"计时投励"设定值,若该试验中无法自动投励,须确认前置板调零是否合适,如正常应更换通道板,若测试时间异常应更换主机板。

(七) 备机不在线或单套运行

1. 故障现象

A、B套主机中的一套退出运行。

2. 分析与处理

正常情况下励磁装置允许单套运行,发生此类故障时,不报警也不影响电动机正常运行,但需确认单套运行的原因:
(1) 是否人为将其中一套退出运行;
(2) 是否某套"更换/复归"旋钮置"更换"位;
(3) 是否某套对应的工作电源故障或电源开关置"分"位;
(4) 是否存在直流控制电源故障。

备用套投入运行后,信号自动消失。

(八) 输出电流过小故障

1. 故障现象

主机套的通道故障灯与脉冲故障灯同时点亮,励磁电流表指示非常小(约$5\%I_{fe}$),不发生切换,读写器检查故障类型为输出电流小,代码为A15或B15,正常运行时发生该类故障,会伴随有电动机失步故障。

2. 分析及处理

实际输出励磁电流小于$5\%I_{fe}$造成,原因主要如下:
(1) 交流电源消失,伴随有同步信号丢失且交流电源指示灯灭现象;
(2) 调试位空气开关置于"分闸"位,伴随有空开跳闸指示灯亮现象;
(3) 工作位闭环运行时,功率因数测量故障,引起调节器负向饱和;
(4) 触发脉冲全部丢失,伴随脉冲板及通道板故障。处理方法为根据不同的伴随现象作出相应处理,若触发脉冲全部消失,最大可能是双套+24V电源均发生故障(短路),需查找原因并更换相应部件。

故障处理完,设备重新投入前应使用读写器进行信号复归。

(九) 主桥缺相故障

1. 故障现象

主机套通道故障灯及脉冲故障灯点亮,在调试位发生时会立即灭磁,同时下排数码显示器显示2A,工作位运行时不会灭磁,不自动切换,励磁电流表指示正常,功率因数显示及调节正常,若手动切换则故障暂时消失,但原主机套内部记忆有缺相故障,新主机运行时,若故障仍然存在则稍后(8s左右)仍会发出相同信号,不跳闸也不会灭磁。

2. 分析及处理

故障原因有多种可能性。用示波器测量励磁电压信号,观察波形是否正常,可按下列步骤查找:
(1) 励磁电源某相缺损;
(2) 脉冲输出板局部故障导致某路或多路脉冲丢失;

(3) 主桥可控硅故障,常伴随有快速熔断器熔断现象;
(4) 六路脉冲连线是否不可靠;
(5) 用示波器测量相关端子波形是否正常,若异常且 A、B 套均未提示脉冲丢失,则需更换 300 主板。若测量励磁电压波形正常,则:① 检查变压器系数 ADJ 是否与报告记录值相符或是否整定合适;② 核实运行的 380V 电源电压值是否与装置调试时有较大差异(差 10% 以上),若是则应选择时机停机重新整定变压器系数 ADJ。

三、励磁装置典型故障案例分析

(一) 失磁

同步电动机组失磁是一种极为严重的故障,因为励磁系统均配有备用通道、故障监测及自动切换系统、各种限制功能等保护措施,在正常情况下一般不会造成失磁,一旦出现失磁,说明励磁系统已发生较严重的故障,造成多个通道或检测系统均不能正常工作。失磁的主要表现:无功突然变负,且负值很大,可能接近于机组视在容量,励磁电流输出接近于零。引起失磁的原因主要有:

(1) 转子开路;
(2) 转子回路短路;
(3) 励磁系统同步电压信号消失;
(4) 可控硅脉冲信号消失;
(5) 调节器发生故障,同时故障检测系统也损坏,导致无法切换到备用通道;
(6) 灭磁开关误分。

处理:在第一时间内紧急停机,然后再检查转子回路有无开路或短路现象,对励磁系统做开环试验检查有无故障。

(二) 投励故障

如果投励环节是在同步电动机异步启动的几秒钟内起作用的,易发生不能投励的情况,一般不会发生大的危害,经 10 s 左右保护动作,对应断路器跳闸,此时应检查以下项目。

(1) 与断路器合闸联锁的接线是否良好。可在试验位置联动试验,一般是插头松动,造成接触不良,只要调整一下插头就能恢复正常。
(2) 投励时间没调整好,投励触发脉冲幅度不够。应检查投励板在静态调试时能否可靠投励,再检查动态情况有关回路,解决故障。
(3) 带励磁投励,这对电动机有很大的冲击危害。当断路器合闸的瞬间,励磁亦输入转子,有时速断保护会很快跳闸,因为励磁投入过早,有一定的制动作用,使启动转速上升困难,定子回路电流急剧上升,机组振动十分严重。

(三) 失步故障

该故障分带励失步和失磁失步。发生带励失步,若再整步成功,失步信号自动复归;若再整步不成功,故障现象与分析处理方法与"再整步不成功故障"相同。

发生失磁失步时,失步灯亮,电动机跳闸,用读写器检查故障类型为电动机失步,代码 A11 或 B11,该类故障常伴随同步信号消失,或输出电流过小等故障发生。

故障原因是由励磁电流输出变零或大幅度减小所致。应从其伴随故障类型入手,分析导致失磁的原因。

(四)逆变灭磁故障

停机后,励磁装置要把励磁绕组的磁场尽快地减弱到尽可能小的程度。主要方式有:利用可控硅桥逆变灭磁、利用放电电阻灭磁、利用非线性电阻灭磁等。

在逆变的方式下,若逆变失败则不能有效降低励磁电流。逆变灭磁就是将可控硅的控制角后退到逆变角,使整流桥由"整流"工作状态过渡到"逆变"工作状态,从而将转子励磁绕组中储存的能量消耗掉。逆变失败的原因主要如下:

(1) 回路工作不可靠,不能适时准确地给可控硅分配脉冲,导致应开通的可控硅不能开通;

(2) 可控硅控制极故障,失去阻断能力或导通能力;

(3) 交流电源异常,励磁变压器相序、相位错误或者在逆变过程中出现断电、缺相或电压过低现象;

(4) 由于逆变时换相的超前触发角 β 过小,或因直流负载电流过大,交流电源电压过低使换相重叠角 γ 增大,或因可控硅关断时间对应的关断角 δ 增大,使换相裕度角不够,前一元件关断不了,后续元件不能开通。

四、励磁装置故障预防措施

环境对电气设备的平均无故障运行时间有较大影响。如环境温度过高会使半导体器件的老化加速,电解电容器的寿命降低。振动过大会使紧固件(端子)松动,插接弹性件产生疲劳,而灰尘、潮湿以及腐蚀性气体有可能导致设备局部绝缘损坏等。如果现场条件允许,特别是在工程建设时,为电气设备创造一个良好的运行环境,可延长设备的寿命、提高无故障运行时间。

在使用环境条件限定的情况下,合理的维护对提高装置的可靠性也十分有益。从设备本身来说:主要是风机的维护,包括为主桥元件提供散热的风机箱和交、直流电源插件上的散热风机(部分产品),风机故障不会直接导致元件损坏或装置停机,但会导致元件由于温升过高而减少寿命;特别是部分用户电源插件上配置的风机,在当时仅是一种临时性措施,未设置风机故障报警环节,发生故障后不易被发现且无任何明显反应,检查方法只能是不定期地利用装置停机时机进行观察。风机故障发生后应尽可能及时对其进行更换。

常规维护的另一项工作就是尽可能减小环境对设备的影响,这项工作往往容易被忽略,绝大部分现场由于绝缘损坏而导致的故障都跟灰尘与潮湿有关,特别是在控制部件中电压较高的元件和线路之间。灰尘积累加上潮湿等因素,将导致绝缘损坏的概率大大增加。因此在现场维护中,要结合检修定期对装置进行全面清扫,对于个别灰尘严重的场所应适当增加清扫次数。

在更换故障插件时,应严格避免带电插拔,装卸读写器时,也应先断开电源开关。在更换电源插件和前置变换插件时,有几个需要特别注意的地方,说明如下。

(1) 电源插件允许在不停机状态下更换,在插入和拔出插件前应断开电源开关。

(2) 电源插件上散热风机的工作电源电压为 DC24V,由本插件供给,向外抽风。目前许多装置改用板式散热器,取消了该风机。

(3) 如不小心将直流电源插件插入交流电源插位,会导致电源插件损坏。

(4) 前置变换插件必须在停机且灭磁及两套电源插件断电的状态下更换。

(5) 新换前置变换插件电路板上元件参数,应与原插件完全一致。该装置由于前置变换插件涉及旋转励磁系统状态检测环节,只能在同型号电动机之间互换。

(6) 更换前置变换插件及电源插件时,最好利用原插件壳体并保持插件长度与原来一致,并确保插接良好。

第五节　直流系统故障及排除方法

一、直流系统简介

泵站直流系统是为信号、保护、自动装置、事故照明、应急电源及断路器分、合闸操作等提供直流电源的设备。直流系统是一个独立的电源，它不受电动机、厂用电及系统运行方式的影响，并且是在外部交流电中断的情况下，保证由后备电源——蓄电池组继续提供直流电源的重要设备，具有电压稳定、持续性好、供电可靠等优点，是保障泵站安全运行的决定性条件之一。为保证电气设备控制保护等设备稳定可靠，大中型泵站均配置直流系统。

二、直流系统故障排除方法实例

直流装置在运行中常常会出现故障，影响直流电源供电，有些故障通过简单处理即可使设备恢复正常，有些则需要分析排查。交直流回路故障主要有以下几个方面。

（1）当交流电源失压时，经延时后，应自动投入备用交流电源运行，若自投失败，值班人员要立即手动投入备用交流电源运行，并检查直流屏工作是否正常。

（2）蓄电池组熔断器熔断后，应立即检查处理，并采取相应措施，防止直流母线失电。

（3）当直流充电装置内部因故障跳闸时，应立即采取安全措施，撤除损坏的充电模块，确认交流电压正常后，立即投入备用充电模块运行，并及时调整好运行参数。

（4）直流电源系统设备发生短路、交流或直流失压时，应迅速查明原因，消除故障，投入备用设备或采取其他措施尽快恢复直流系统正常运行。若短时间内不能恢复直流供电，值班人员要及时切除部分直流馈出回路，只保留各开关控制回路、保护测控装置回路，并对蓄电池电压进行重点盯控，保证蓄电池电压应高于断路器的最低动作电压，确保在故障情况下各开关能可靠动作，若蓄电池容量严重降低，影响断路器正常动作时，应立即现地手动操作将全站设备退出运行。

（5）充电机模块输入过压、欠压保护，微机监控装置中事先设定好相应的交流报警参数，微机监控装置（微机后台）就会发交流过压、欠压报警信息。此时应用万用表交流 750 V 挡位测量供直流系统的两路三相交流电源各线电压是否超过过压或欠压数值。若电压正常，则可能属于误发信息，应观察馈电屏背面输入输出检测单元工作是否正常，工作灯是否间断闪烁，若一直熄灭不闪烁，则按下输入输出检测单元复归按钮，继续观察监控装置是否仍发告警信息。若电压不正常，则继续观察，随时测量交流电压数值，调整交流输入电压值。

（6）充电机模块输出过压保护、欠压告警。当充电机模块输出电压大于微机监控装置设定过压定值时，模块保护启动，无直流输出，模块不能自动恢复，必须将模块断电重新上电。当充电机模块输出电压小于微机监控装置设定的欠压定值时，模块有直流输出发告警信息，电压恢复后，模块输出欠压告警消失。充电模块输出电压过高、欠压时用万用表直流 1 000 V 挡位测量充电机输出电压实际值，测量电压值高于或低于设定值，应检查充电模块，调整电压输出值。如测量电压值正常，则可能属于误发信息，应观察充电屏背面充电机检测单元工作是否正常，工作灯是否间断闪烁，若一直熄灭不闪烁，则按下充电机检测单元复归按钮，继续观察监控装置是否仍发告警信息。

（7）充电机模块输入缺相保护，当输入的两路三相交流电源有缺相时，模块将限功率运行（模块输出电流有限，达不到额定输出电流）。此时应用万用表交流 1 000 V 挡位测量供直流系统的两路三相交流电源各相电压是否正常，有无缺相现象。如无缺相则可能属于误发信息，如有缺相则应检查交流回路，排除交流输入线路或开关故障。

（8）充电机模块超温保护，当充电机模块的散热孔被堵住或环境温度过高导致模块内部温度超过设定值，模块会过温保护无电压输出；当异常清除、温度恢复正常后，模块自动恢复为正常工作，此时应检查环境温度是否过高、散热孔是否堵塞、模块散热风扇是否转动。

（9）充电机模块故障无显示或无输出。当充电机模块故障无显示或无输出，应先检查两路三相交流电源是否正常及充电机电源开关状态是否良好，输入到充电机模块的三相交流电源是否正常，模块是否有直流电压输出，输入到充电机模块的三相交流电源正常但无直流电压输出即可判定是充电机模块故障。

三、直流系统故障案例分析

（一）直流装置监控系统故障

直流装置一般都装有液晶显示屏，用于监视系统参数、调整装置参数等，液晶屏和屏柜中传感器及相应线缆等组成直流装置的监控系统，其故障主要有以下几个方面。

（1）微机显示界面显示各功能单元（充电机检测单元、蓄电池检测单元、输入输出检测单元、绝缘检测单元）故障：如果系统设定参数不正确，则按照系统正确参数设置，检测相关设置；如果是通信故障，由于受到干扰，各功能子板与主控单元联系不上，系统显示功能检测单元板故障，则查找该告警的功能子单元板，按下该板的复位按钮，使其复位，将微机监控系统的电源重新上电（将馈电屏微机电源开关打到"关"后再打到"开"），使整个微机监控系统重新上电复位，建立通信连接。

（2）系统界面显示充电机故障。如果充电机检测单元板与充电机模块间通信未建立，充电机检测单元板运行不正常，则需检查充电机检测单元工作指示灯是否闪烁，如不正常，复位充电机检测单元板。如果充电机模块地址码（充电机模块前面板拨码开关）有误，使充电机检测单元检测不到该充电机数据，无法发送充电机故障信息，此时需在充电机模块上正确设置模块地址，模块地址码出厂时已设置好，在更换充电机模块时，应按照原来的地址码设定。

（3）充电机电压与系统显示一致，系统显示"充电机过压""充电机欠压"信号。可能是在充电机设定中，充电机过压或欠压设定不正确，过高或过低，可通过更改充电机过压或欠压值，使其在正常范围内。

（4）系统界面显示"蓄电池熔断"信息。检查蓄电池正极、负极一相或两路相保险是否熔断，查明原因后应立即更换蓄电池熔断器，否则交流停电将会导致直流屏无直电送出，而且蓄电池无法进行浮充电，影响设备正常运行。

（5）液晶屏显示字迹模糊或太亮看不清楚。液晶屏显示对比度调节不合适，使显示太亮或太淡，需要进入系统维护菜单中对比度调节选项，调整对比度，直到界面字迹显示清晰。

（二）直流装置接地故障

直流装置最常见故障为接地故障，因直流系统分布范围广、外露部分多、电缆多、线路长，所以很容易受尘土、潮气的腐蚀，使某些绝缘薄弱元件绝缘性能降低，甚至绝缘破坏造成直流接地。220 V直流系统两极对地电压绝对值差超过40 V或绝缘性能降低到25 kΩ以下，48 V直流系统任一极对地电压有明显变化时，应视为直流系统接地。

1. 直流接地的原因

（1）二次回路绝缘材料不合格、绝缘性能低；或年久失修、严重老化；或存在某些损伤缺陷，如磨伤、砸伤、压伤、扭伤或过流引起的烧伤等。

（2）气候原因、二次回路及设备严重污秽和受潮、接地盒进水，导致直流对地绝缘性能严重下降。

（3）小动物爬入造成直流接地故障，如老鼠、蜈蚣等小动物爬入带电回路。

(4)因工作人员疏忽造成某些元件有线头、未使用的螺丝、垫圈等零件,掉落在带电回路上。

2. 直流接地故障的危害

直流接地故障危害较大,轻则影响直流系统的正常运行,重则使保护装置发生误动作,影响主设备的正常运行。因此,在发生直流系统接地时,应尽快排查,迅速消除故障。

直流接地故障中,危害较大的是两点接地,可能造成严重后果。一点接地可能造成保护及自动装置误动或者拒动,而两点接地,除可能造成继电保护、信号、自动装置误动或拒动外,还可能造成直流保险熔断,使保护及自动装置、控制回路失去电源,在复杂保护回路中同极两点接地,还可能将某些继电器短接,不能动作跳闸,致使越级跳闸,造成事故扩大。

接地时现象:绝缘监察装置发出告警信号,通过检测装置可测量出正负极对地电压的变化。

(1)直流正极接地,有使保护及自动装置误动的可能。因为一般跳合闸线圈、继电器线圈正常与电源负极接通,若这些回路再发生接地,就可能引起误动作。

(2)直流负极接地,有使保护及自动装置拒绝动作的可能。当跳闸线圈、合闸线圈以及保护继电器在回路中有任何一点接地时,由于接地点短接,线圈不能动作。同时,直流回路短路电流会使电源保险熔断,并且可能烧坏继电器接点,保险熔断会使装置失去保护及操作电源。

直流系统接地故障,不仅对设备不利,而且对整个电力系统的安全构成威胁。因此,当直流电源为220 V接地在50 V以上或直流电源为24 V接地在6 V以上时,应停止直流网络上的一切工作,并立即查找接地点,防止造成两点接地。

3. 直流接地故障排查方法

(1)分清接地故障的极性,分析故障发生的原因。

(2)若站内二次回路有人工作或有设备检修试验,应立即停止,并拉开其工作电源,看信号是否消除。

(3)用分割法缩小查找范围,将直流系统分成几个不相联系的部分,不能使保护失去电源,操作电源尽量用蓄电池供给。

(4)对于不太重要的直流负荷及不能转移的分路,可用"瞬时停电"的方法,检查该分路中所带回路有无接地故障。

(5)对于重要的直流负荷,用转移负荷法,检查该分路所带回路有无接地故障。

4. 直流接地故障排查步骤

查找直流系统接地故障,要随时与调度保持联系,并由两人及以上工作人员配合进行,其中一人操作,另一人监护并监视表计指示及信号的变化。利用瞬时停电的方法查找直流接地时,应按照下列顺序进行。

(1)断开现场临时工作电源。

(2)断合事故照明回路。

(3)断合通信电源。

(4)断合附属设备。

(5)断合充电回路。

(6)断合合闸回路。

(7)断合信号回路。

(8)断合操作回路。

(9)断合蓄电池回路。

在进行上述各项检查后仍未查出故障点,则应考虑同极性两点接地。当发现接地在某一回路后,有环路的应先解环,再进一步采用取保险及拆端子的办法,直至找到故障点并消除。

5. 直流系统接地处理

直流系统接地时,直流系统监控模块和控制室上位机均会发出"直流系统故障"信号,值班员可利用直流系统监察装置判断是直流哪一极接地,然后向值班长汇报并进行处理。

6. 查找直流接地的注意事项

(1) 发生直流接地应及时向值班负责人报告,经值班负责人许可再进行查找和拉路试验,尽量避免在高峰负荷时进行。

(2) 查找直流接地至少由 3 人进行,一人操作、一人监护、一人监视直流接地信号,做好安全监护,防止人身触电。

(3) 查找直流接地要防止人为造成直流两点接地和直流短路,导致误跳闸。

(4) 取直流熔丝时,应先取正极,后取负极,装上时顺序相反,防止寄生回路。

(5) 拉路查找时,回路切断时间不得超过 3 s,不管回路接地与否,均应迅速合上。

(6) 环形回路应解开后再拉路。

(7) 按符合实际的图样进行,防止拆错端子线头,防止恢复接线时遗忘或接错,拆线前应做好记录和标记。

(8) 使用仪表查找,必须使用高内阻直流电压表(2 000 Ω/V),严禁使用灯泡法。

(9) 使用高频开关直流电源,在拉路试验时,由于拉路时间短,绝缘监察装置反应比较慢,不能及时反应拉路瞬间的直流系统对地绝缘情况,因此需要一人在直流母线与大地之间用直流电压表人工搭接,以监视拉路中直流接地情况。

(10) 排查故障时要防止保护误动作,必要时在断开操作电源前,解除可能误动的保护,操作电源正常后再投入保护。

四、蓄电池放电试验

蓄电池是泵站直流系统关键设备。为正确评估蓄电池实际容量、及时发现蓄电池存在的问题,应按《电力系统用蓄电池直流电源装置运行与维护技术规程》(DL/T 724—2021)要求定期进行蓄电池核对性放电试验。

1. 蓄电池放电试验步骤

(1) 放电前记录蓄电池组各项数据。

(2) 了解直流负载的运行方式,断开蓄电池组与开关电源连接。

(3) 断开蓄电池组正、负连接。

(4) 将放电仪与蓄电池连接。

(5) 设置放电电流,开始放电。

(6) 拆除测量线和电源线,将蓄电池组与开关电源线连接。

2. 蓄电池放电注意事项

(1) 密切关注整组蓄电池浮充电压、单体浮充电压、环境温度、单体电池电压、整体电池电压。

(2) 确保直流负载有可靠的后备电源,确认无误后断开断路器或取下电源保险。

(3) 操作过程必须使用带绝缘手柄的工具。

(4) 所有连接螺丝应拧紧,无松动。

(5) 应每隔 1 h 测量一次端电压和单体电压并进行记录;2 V 电池电压低于 1.8 V 时停止放电,12 V 电池电压低于 10.8 V 时停止放电;放电电流设置按 10 h 放电率(I=蓄电池容量/10 h),蓄电池容量=单体到达终止电压时的放电电流;先拆测量线,后拆电源线。

3. 蓄电池连接注意事项

(1) 操作应由两人进行,一人操作,一人监护,防止误操作。监护人员应是有经验的专业人员。

(2) 连接线用绝缘胶带包扎防止极性接反,设专人监护,操作由两人进行,一人测量,一人记录,放电后期应增加测量次数,密切关注蓄电池电压,防止过放电。

（3）检查电池是否漏液，测量电池是否温度过高；拆电源线应拆一相回装一相，蓄电池组与开关电源线避免同时触及蓄电池正、负极造成短路。

（4）连接时要分层连接，连完每一层都要用万用表测量电压确认是否正确。

（5）层间连线要先连较难连接的连线，最后一根层间连线应是最容易连接的连线，操作时应注意安全，防止短路，危及人身安全。

（6）如果需要第二次放电，必须在第一次放电结束并进行均充 12 h 和浮充 12 h，共计 24 h 后才能进行。

第六节　变频装置故障及排除方法

一、变频装置简介

变频装置（图 3-10）是应用变频技术与微电子技术，通过改变电动机工作电源频率方式来控制交流电动机的电力控制设备，主要由整流、滤波、逆变、制动单元、驱动单元、检测单元、微处理单元及配套部件等组成。变频器靠内部 IGBT（绝缘栅双极型晶体管）的开断来调整输出电源的电压和频率，根据电动机的实际需要来提供其所需要的电源电压，进而达到节能、调速的目的。

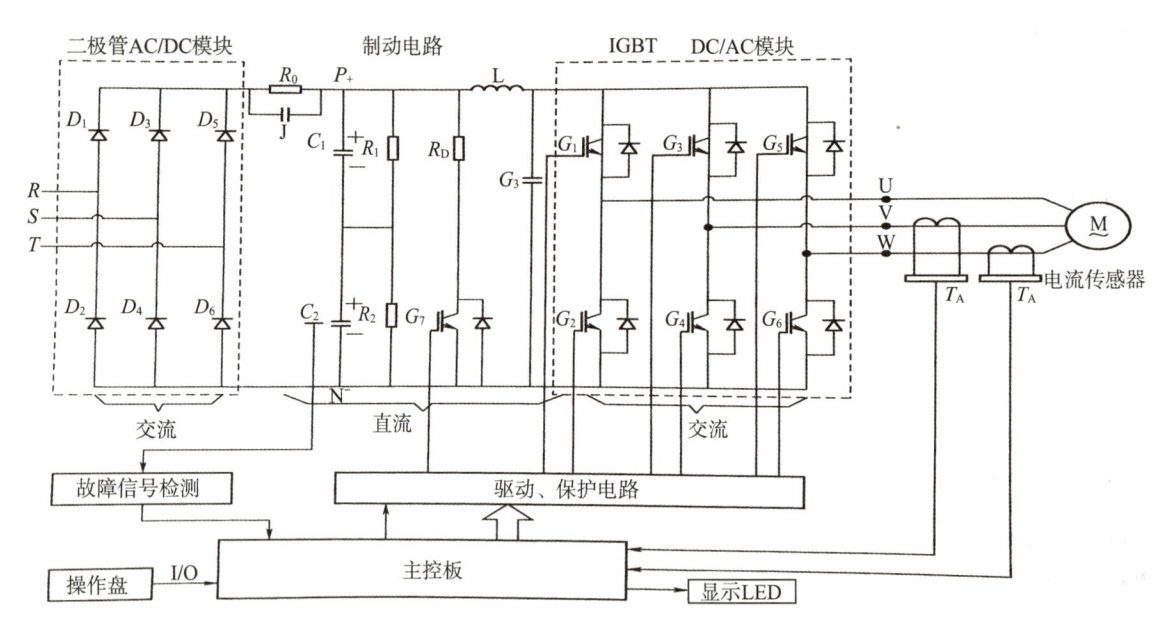

图 3-10　变频装置

二、变频装置故障排除方法实例

变频器主回路主要由整流电路、限流电路、滤波电路、制动电路、逆变电路和检测电路的传感部分组成，运行中常见故障如下：

（1）变频器无显示、PN 之间无直流电压、高压指示灯不亮，主要原因是主回路无输出直流电压。

（2）主回路无输出直流电压的原因主要有：限流电阻损坏造成开路，使滤波电路无脉动直流电压输入；整流模块损坏，整流电路无脉动直流电压输出。出现主回路无直流电压，不能简单地更换整流模块，还必须进一步查找整流模块损坏的原因。

（3）整流模块的损坏原因主要有：自身老化、自然损坏；主回路有短路现象导致整流模块损坏。检查处理方法如下。

① 首先换下整流模块，用万用表检测主回路，若主回路无短路现象，说明整流模块是自然损坏，更换新元件即可。

② 若主回路有短路现象，需要检测出是哪一个元件引起的短路，可能是制动电路中的 R 和 G 均短路、滤波电容短路、逆变模块短路等。通过检测查出主回路短路的原因，同时还要查找出造成这些元件短路的原因。

③ 限流电阻损坏开路，整流电路的脉动直流电压无法送到滤波电路，使主回路无直流电压输出。

④ 检查限流电路中的继电器或可控硅是否损坏，是否需要换限流电阻。逆变模块中，检查是否至少有一个桥臂上下两个开关器件短路，造成主回路短路而烧毁整流模块。检查电动机是否损坏，电动机是否有过载或堵转现象，检查驱动信号是否正常，更换逆变模块和整流模块。

⑤ 制动电路中控制元件损坏短路和制动电阻短路，造成主回路短路导致烧毁整流模块。检查制动控制信号是否正常，是否需要更换制动控制元件、制动电阻和整流模块。检查是否为滤波电容损坏短路造成主回路短路而烧毁整流模块。检查匀压电阻是否正常，是否需要更换滤波电容和整流模块。如整流模块老化损坏，更换整流模块。

（4）变频器输出电压偏低。

① 输出电压偏低是因为主回路直流电压低于正常值、逆变模块老化、驱动信号幅值较低等原因造成的。用万用表测量直流高压值，确定具体原因，当整流模块有一个以上整流二极管损坏时，整流电路缺相整流，输出的脉动直流电压低于正常值，使主回路直流电压也低于正常值，造成变频器输出电压偏低。

② 滤波电容老化，容量下降，在带动电动机运行过程中，充放电量不足，造成变频器输出电压偏低。

③ 逆变模块老化，开关元件在导通状态时，有较高的电压降，造成变频器输出电压偏低。驱动信号幅值偏低，使逆变模块工作在放大状态，而不是在开关状态，造成变频器输出电压偏低。

（5）变频器输出电压缺相（电动机出现缺相运行现象）。

① 变频器输出电压缺相，往往是因为逆变电路中，有一个桥臂不工作，逆变模块中若有一个桥臂损坏，应更换逆变模块。

② 驱动电路有一组无输出信号，使逆变电路有一个桥臂不工作，变频器输出电压波动（电动机抖动运行）。

③ 变频器的输出电压值忽大忽小地波动，驱动电动机抖动，这种情况往往是由于变频器逆变电路的 6 个开关元件中有一个或不在同一桥臂上的一个以上的开关件不工作造成的。

④ 有一个或不在同一桥臂上的一个以上的开关元件损坏开路，则应更换逆变模块。

⑤ 有一个或不在同一桥臂上的一个以上的驱动信号不正常，导致相应的开关元件不工作；变频器接上电源，供电电源跳闸，或烧断熔丝。这是由于变频器的整流模块损坏短路所致。

三、变频装置故障案例分析

（一）过流(OC)

1. 故障现象

过流是变频器报警最为频繁的现象，主要有以下几种情况。

（1）重新启动时，一升速就跳闸，这是十分严重的过流现象。主要由：负载短路、机械部位有卡堵、逆变模块损坏、电动机的转矩过小导致启动困难等原因引起。

（2）通电就跳。这种现象一般不能复位，主要原因有：模块、驱动电路、电流检测电路损坏。

（3）重新启动时并不立即跳闸，而在加速时跳闸。主要原因有：加速时间设置太短、电流上限设置太小、转矩补偿(V/F)设定过高。

2. 实例

(1) 变频器一启动就发出"OC"信号。分析与维修：打开机盖没有发现任何烧坏的迹象，在线测量IGBT(7MBR25NF-120)基本判断没有问题；为进一步判断问题，把IGBT拆下后测量，7个单元的大功率晶体管开通与关闭都很好；在测量上半桥的驱动电路时发现有一路与其他两路有明显区别，经仔细检查发现一只光耦A3120输出脚与电源负极短路。更换后三路路径基本一样，模块装上后通电运行一切正常。

(2) 变频通电就发出"OC"信号且不能复位。分析与维修：首先检查逆变模块没有发现问题，其次检查驱动电路也没有异常现象，估计问题可能出在过流信号处理这一环节；将其电路传感器拆掉后通电，显示一切正常，判断传感器已坏，换新后带负载实验一切正常。

(二) 过压(OU)

过电压报警一般是出现在停机的时候，其主要原因是减速时间太短或制动电阻及制动单元有问题。

实例：变频器在停机时发出"OU"信号。

分析与维修：首先要查清停机时"OU"报警的原因何在，因为变频器在减速时，电动机转子绕组切割旋转磁场的速度加快，转子的电动势和电流增大，使电动机处于发电状态。回馈的能量通过逆变环节中与大功率开关管并联的二极管流向直流环节，这是直流母线电压升高所致，所以应该着重检查制动回路。经测量确认放电电阻没有问题，在测量制动管(ET191)时发现绝缘已被击穿，更换制动管后上电运行正常，且进行快速停车也没有问题。

(三) 欠压(Uu)

欠压也是设备在使用中经常碰到的问题，主要是因为主回路输出电压太低。产生这一现象的主要原因是整流桥某一路损坏或可控硅三路中有工作不正常的；其次是主回路接触器损坏，导致直流母线电压损耗在充电电阻上；同时电压检测电路也会发生故障。

实例

(1) 变频器通电发出"Uu"信号

分析与维修：经检查这台变频器的整流桥充电电阻都是完好的，但是通电后没有听到接触器动作，因为这台变频器的充电回路不是利用可控硅，而是靠接触器的吸合来完成充电过程，因此判断故障可能出在接触器或控制回路以及电源部分。拆掉接触器单独加24V直流电，接触器工作正常。继而检查24V直流电源，经仔细检查该电压是经过LM7824稳压管稳压后输出的，测量发现该稳压管已损坏，经更换后送电工作正常。

(2) 变频器加负载后发出"DC LINK UNDERVOLT"信号

变频器通电显示正常，但是加负载后发出"DC LINK UNDERVOLT"(直流回路电压低)信号。

分析与维修：该变频器通过充电回路和接触器完成充电过程，通电时没有发现任何异常现象，估计是加负载时直流回路的电压下降所引起。而直流回路的电压又是通过整流桥全波整流，然后由电容平波后提供的，所以应着重检查整流桥。经测量发现该整流桥有一路桥臂开路，换新后故障消除。

(四) 过热(OH)

过热也是一种比较常见的故障。主要原因：环境温度过高、风机故障、温度传感器性能不良、电动机过热等。

实例：某变频器在运行半小时左右发出"OH"信号。

分析与维修：因为是在设备运行一段时间后才出现故障，所以温度传感器损坏的可能性不大。通电后发现风机转动缓慢，防护罩里面堵满了灰尘，经清扫后开机，风机运行良好，运行数小时后没有再发生此故障。

（五）过载

过载也是变频器出现比较频繁的故障之一。平时看到过载现象,首先应分析到底是电动机过载还是变频器自身过载。一般电动机由于过载能力较强,只要变频器参数表的电机参数设置得当,很少出现电动机过载现象。而变频器本身由于过载能力较差很容易出现过载报警,对此可以通过检测变频器输出电压确定。

四、变频装置故障预防措施

变频装置集成化程度高,晶体管等电子元件多,工作环境中的温度、湿度、磁场等对其工作稳定性均有明显影响,在使用中应注意以下事项。

（1）避免将变频器安装在水滴飞溅的场合,严禁将变频器的输出端子 U、V、W 连接到 AC 电源上,不准将 P+、P−、PB 任何两端短路,控制线应与主回路动力线分开,控制线应采用屏蔽电缆。

（2）变频器要正确接地,接地电阻小于 10 Ω;主回路端子与导线必须牢固连接,变频器与电机之间连线过长,应加输出电抗器;对电机绝缘检测时必须将变频器与电机连线断开。

（3）变频器存放 2 年以上,通电时应先用调压器逐渐升高电压;存放半年或 1 年,应先通电运行 1 天。变频器断开电源后,待直流母线电压(P+,P−)在 25 V 以下方可进行维护操作。

（4）变频器驱动电动机长期超过 50 Hz 运行时,应保证电动机轴承等机械装置在允许使用的速度范围内,注意电动机和设备的振动、噪声。变频器驱动三相交流电动机长期低速运转时,建议选用变频电动机。

（5）严禁在变频器的输入侧使用接触器等开关器件进行频繁启停操作;在变频器的输出侧,严禁连接功率因数补偿器、电容、防雷压敏电阻;变频器的输出侧严禁安装接触器、开关器件;变频器输入侧与电源之间应安装空气开关和熔断器,变频器输出侧不必安装热继电器。

（6）变频器在确定频率工作时,如遇到负载装置的机械共振点,应设置跳跃频率避开共振点。

（7）变频器驱动减速箱、齿轮等需要润滑的机械装置,在长期低速运行时应注意润滑效果,变频器在海拔 1 000 m 以上地区使用时,须降负荷使用。

第七节　无功补偿装置故障及排除方法

一、无功补偿装置简介

无功补偿装置是配电系统中主要设备之一,实际就是无功电源,由电容器组、投切元件、检测及保护元件组成。一般电力行业负载功率因数需达到:低压 0.85 以上,高压 0.9 以上。为了克服无功损耗,需要采用无功补偿装置来解决。电力系统中现有的无功补偿设备有无功静止式补偿装置和无功动态补偿装置两类,前者包括并联电容器和并联电抗器,后者包括同步补偿机(调相机)和静止型无功动态补偿装置(SVS)。

二、无功补偿装置故障排除方法实例

（一）过补偿与欠补偿

（1）容量不够,欠补偿。

(2) 电力电容器容量下降而形成的补偿不足。

(3) 电容器配置不正确,容量大小配置相同,起不到按需就补的作用,所以在实际运作中不是欠补偿就是过补偿。

(二) 切换频繁

(1) 无功自动补偿控制器自身存在问题。

(2) 控制器延时没有调试好,没有根据精确需要设定延时时间。延时时间过短,投切频繁,接触器易损坏;延时时间过长,会降低补偿效果。

(三) 谐波

现在用电设备有很多,如电子、中领、交频等设备,相互间会产生谐波,有了谐波,电流、电压、开度都会放大,易损坏电力电容器、接触器、熔断器,严重时会引起电器火灾,烧毁用电设备。因此,谐波不严重的可提高电容器电压等级,谐波严重的要配置抗谐波的电抗器,但这种电抗器的造价较高。

(四) 功率因数表上显示达到要求,无功电度表上达不到要求

(1) 因照明线路与动力线路分开布置,控制器取样电流互感器没有对照明用电进行取样,仅对动力线路的用电取样。

(2) 变压器的铁芯因无功而增加损耗,没有采取有效的手段进行变压器补偿。

(3) 三相电流经常变化,互感器取样电流不精确,达不到补偿效果。

(五) 补偿效果差的几种情况

(1) 三相不平衡补偿效果差。用电线路分布负荷不均,互感器取样电流为一相,而三相电流经常变化,这样取样电流不精确,无法达到精确的补偿效果。这就需要采用三相取样电流的无功补偿控制器,采取分补与共补相结合的方式。

(2) 电容器的配置不合理导致补偿效果差。如用电量不均衡,而电容器的容量大小都一样,电容器组不投入就欠补偿,投入一组就过补偿,过补偿与欠补偿频繁出现。

① 达不到补偿要求时,就需要电容器容量要大小阶梯式搭配,无功补偿根据实际需要,确定投入多大的电容器,无功自动补偿控制器必须要编码输出。

② 频繁切换容易损坏接触器,无功自动补偿控制器调节要能精确设定所需延时时间。

(3) 用电线路过长导致补偿效果差。应采用分段补偿方式。

(4) 单台用电设备补偿效果差。单台用电设备功率大,可以采用就地补偿方式。

(5) 设备运行电流变化大,补偿效果差。设备运行时,轻载与重载电流变化大,应采用智能性的投切与群投相结合的方式。

(6) 电流波动大,补偿效果差,用电设备频繁启动。如行车、电梯、焊机等设备在使用时,必定产生冲击电流,所以电流波动大。在设置无功补偿装置时应考虑抗冲击的问题和无功自动补偿控制器的延时时间长短的问题。

(六) 环境温度高,电容器容易坏

电容器通电运行会产生热量,如果不及时排出,温度越升越高,超过电容器的温度要求,易造成电容器损坏。应在配电房安装空调、增加排风装置等,保证电容器安全。

(七) 控制器的取样电流异常

(1) 控制器的取样电源同时也作为控制电源,导致取样不准确。

(2) 两只控制器用一台变压器的电流互感器取样时,取样线只能串联,不能并联。
(3) 若控制器显示的功率因数是负数,应将控制器电源的两相互换。

(八) 无功补偿装置(电容器柜)安全

(1) 刀开关额定电流必须按电容器的总电流配置。
(2) 控制系统应在刀开关下桩头接线,不应在刀开关上桩头接线。
(3) 加装负荷开关,因电容器全部投入运行时电流比较大,遇紧急情况不能带负荷拉闸,装负荷开关后,遇紧急情况可切断相应接触器线圈的电源,从而断开电容器电源。
(4) 熔断器、接触器、连接电线等应按线路总电流配置。

三、无功补偿装置故障案例分析

(一) 控制器上 $\cos\varphi$ 显示不准确

1. 故障现象

补偿控制器与取样电流或电压有关,在负荷正常的情况下投入电容器,功率因数应该从滞后值逐步变大至1.00,如果再投入电容器则功率因数应该变为超前,继续投入超前值变小至1.00 为正常,但故障时会出现下列情况。

(1) 补偿器始终只显示1.00。
(2) 电网负荷是滞后状态,补偿器却始终显示超前。
(3) 电网负荷是滞后状态,补偿器显示滞后但投入电容器后滞后值不是按正常方向变化(增大)反而投入电容越多滞后值越小。
(4) 电网负荷是滞后状态,补偿器虽显示滞后值,但投入电容器后滞后值不变化,滞后值只随负荷变化而变化。

2. 故障原因

因电网中或负载源产生谐波、取样问题、补偿控制器产生误动误显等。

3. 原因分析

(1) 取样电流没有送入补偿器。
(2) 取样电流与取样电压相位不正确。
(3) 投切电容器产生的电流没有经过取样互感器。

4. 措施

(1) 更换抗谐波型控制器或在配电系统中加装抗谐波型元件。
(2) 确认补偿控制器能够正常运行,取样电流准确。

(二) 熔断器熔断

1. 故障现象及原因

无功补偿装置在补偿投切过程中出现熔断器熔断现象,主要原因如下:
(1) 熔断器选型配置不合理。
(2) 计算实际投切电流选用的安全系数偏小。
(3) 与补偿控制器的投切时间有关。
(4) 与电网系统或负载设备产生的谐波有关。
(5) 与相电流不平衡有关。
(6) 与安装工艺、工作环境等有关。

2. 措施

(1) 要充分考虑无功补偿装置的特性。在投切过程中,当涌流较大时[一般在(5～-30)I_N 左右]选择熔芯非常重要,一般选用 AM 系列(过载能力强)同类型的熔芯,而不应选用 JL 系列(过载能力低)或与之同类型的熔芯。计算实际投切电流时,应考虑保险系数,通常情况下应取实际投切电流的 1.35～2 倍。

(2) 熔断器的熔断与补偿控制器设置的投切时间有一定关系。在电容从网络中切除后,电容器中电压随时间延长而逐渐衰减,如果时间间隔不长又投入时,残压和所加电压即形成叠加电压,造成过电压和过电流,所以在设置投切时间时切不可太短,一般设置 20～30 s 为宜。

(3) 电网中或负载设备产生的谐波将改变电源原来的电压性质。当谐波含量较高时,由谐波所引起的基波电流放大,将使熔断器熔断。

(4) 补偿装置运行中三相电流长时间不平衡,也将造成熔断器部分熔断,如发现三相电流不平衡要及时查找原因。非三相电流不平衡原因而需更换熔芯时,最好同时更换三相熔芯,如若只更换某一相已熔断熔芯,那么另外两相已受损的熔芯再投入运行,不久后也会熔断。

(5) 熔断器的熔断与安装工艺以及使用环境有一定关系,特别是使用环境,有的使用场合温度非常高,高达 70 ℃以上,这种情况下一定要采取降温措施。

(三) 接触器损坏

1. 原因

无功补偿装置在投切过程中,切换电容接触器的损坏尤为突出,主要有以下几个方面原因。

(1) 补偿控制器设置的投切时间太短,二次吸合造成的叠加电压导致冲击电流过大而损坏接触器。

(2) 接触器的损坏与接触器的安装方式有一定关系,特别是接触器的导线连接部位,一定要压紧并套上绝缘套管。当电路中谐波含量较高时,电压、电流波形发生严重畸变,基波电流被放大,将造成接触器触头被烧毁。

(4) 相与相或相对地短路,造成接触器损坏。

(5) 当电流不平衡增大时,长时间运行状态下也将导致接触器损坏。

(6) 接触器的自身质量存在问题。

2. 措施

目前国内电容电源回路的接触器生产厂家很多,但生产的材质不尽相同,产品质量参差不齐。在选型时应选用抗涌流、抗谐波或能承受谐波抗冲击的接触器。

(四) 电容器故障

1. 电容器在运行中损坏

电容器在运行中的损坏主要有击穿不能愈合、短路、鼓包及运行时间不长即容量下降等,情况严重时甚至会发生爆炸。目前的电容器一般为自愈式,正常情况下击穿会自动愈合,如果经常击穿再愈合,周而复始将使电容器彻底损坏。

(1) 原因

① 由补偿控制器质量引起的误投误切造成电容器损坏。

② 补偿时瞬间投切的涌流非常大造成电容器损坏。

③ 三相电流、电压长时间不平衡造成电容器损坏。

④ 叠加电压(由于控制器设置的投切时间比较短所形成)造成电容器损坏。

⑤ 谐波对电容器的干扰。

(2) 措施

① 使用质量较好的控制器。

② 补偿时瞬间浪涌电流非常大的(超过 30 I_N 以上),建议串接电抗器等电器元件。

③ 发现缺相或三相电流电压不平衡要及时查找原因,及时解决。

④ 控制器的设置投切时间不宜太短,防止形成叠加电压。如果实际补偿容量不足或确实需要频繁投切的情况,应增加补偿容量或采取就地补偿和集中补偿相结合的方式。

⑤ 电网中如有谐波干扰,要及时采取措施,加装滤波装置或加装抗谐波型元件。

2. 电容器无功倒送

电力系统不允许无功倒送,因为它会增加线路和变压器损耗,加重线路负担。采用固定电容器补偿方式的,在负荷低谷时,也可能造成无功倒送。固定安装的电容器在选择容量时,为了防止轻负荷时向系统倒送无功,应按照负荷低谷时系统的无功选择补偿容量。倒送无功的时间,绝大多数是在电网无功过剩的情况下,这将给电网带来很大的功率负担和额外线损,并对电网造成过电压危害,必须安装电抗器,以便就近吸收。

为了改进和提高无功补偿装置所达到的补偿要求,必须了解电网或负载源是否出现谐波及无功补偿装置的电器元件配置的合理性,只有正确使用补偿装置才能使无功补偿装置无故障正常运行。

四、无功补偿装置故障预防措施

(一) 控制器

(1) 控制器灵敏度一定要高,如果控制器灵敏度低,无功补偿过程中投、切电容器易造成混乱。

(2) 控制器要抗谐波,谐波会使电压产生畸变,导致控制器不能正常工作。

(3) 门限要宽,门限窄的控制器调节达不到要求。

(4) 要有编码输出,以适应目前自动监控用电的要求。

(二) 电容器

(1) 变压器输出端电压偏高或有谐波,如果用 400 V 电压等级的电容器则容易损坏,必须要提高电容器的电压等级。

(2) 如有冲击电流且电流波动大,电容器也易损坏,因此应选用加抗冲击电流的电容器。

(3) 如果环境温度高,应选用带温度保护的电力电容器。

(4) 电容器运行时发现有鼓包、漏液等现象要及时更换。

(5) 无功补偿电容器主要由聚丙烯锌铝镀膜制成,随着电容器的运行,受环境温度的影响,电容器介质会劣化,导致容量下降,每年一般会下降 8%～15% 不等。应定期测量电容器的电流,如电流下降太大,应更换。

(三) 接触器

(1) 接触器必须选用专用切换电容器的接触器。

(2) 切换电容器的接触器额定电流必须大于电容器的电流,否则容易烧坏接触器。

(3) 接触器的线圈电压最好选用 20 V 电压等级。这样电容器与接触器串在一起,不会产生自由振荡,不会烧坏熔断器。

第八节 继电保护及排除方法

一、继电保护简介

继电保护是指能反应电力系统中电气元件发生故障或不正常运行状态,并动作于断路器跳闸或发出信号用来对电动机、变压器、母线及输配电线路等主要电气元件进行监视和保护的一种自动装置。它的基本任务是:故障时跳闸,不正常运行时发信号。

继电保护装置可以在出现电力事故时,对故障产生的原因进行分析和记录,并发出故障报警,同时还会按照系统的设定要求将要保护的线路自动切断,避免出现更大范围的故障,最大限度地保证电力系统及设备的正常运行。

二、继电保护故障排除方法实例

(一) 故障原因分析

1. 保护定值问题

(1) 人为整定错误。人为整定错误情况的主要表现:运算过程中数值错误;TA、TV 变比计算错误;保护定值区使用错误;运行人员投错保护压板等。

防范措施:定值整定部门在下发定值单前必须核对定值无误,把好第一道关;在设备送电之前,调试人员与运行人员至少应有 2 人共同进行装置定值的校核,确保执行无误。

(2) 装置元器件老化。

① 元器件老化及损坏。元器件的老化积累必然引起元器件特性的变化和损坏,将会不可逆转地影响微机保护的定值。

② 温度与湿度的影响。微机保护的现场运行规程规定了微机保护运行的环境温度与湿度的范围,电子元器件在不同的温度与湿度下表现为不同的特性,在某些情况下会造成定值的漂移。

③ 定值漂移问题。现场运行经验表明:如果定值的偏差不大于 5%,则可忽略其影响,当定值的偏差≥5%时应在查明原因后,才能投入运行。运行管理部门要加强定值的核对工作,且应选择运行工况良好的装置。

2. 电源问题

(1) 逆变稳压电源问题。

① 纹波系数过高,纹波系数是指输出中的交流电压与直流电压的比值,交流成分属于高频范畴,高频幅值过高会影响设备的寿命,甚至造成逻辑错误或导致保护拒动,因此要求直流装置有较高的精度。

② 输出功率不足或稳定性差。电源输出功率的不足会造成输出电压下降,若电压下降过大,会导致比较电路基准值的变化、充电电路时间变短等一系列问题,从而影响到微机保护的逻辑配合,甚至造成逻辑功能判断失误。尤其是在事故发生时有出口继电器、信号继电器、重动继电器等相继动作,要求电源输出有足够的功率。如果现场发生事故时,微机保护出现无法给出后台信号等现象,应考虑电源的输出功率是否因元件老化而下降。对逆变电源应加强现场管理。在定期检验时一定要按规程进行逆变电源检验。长期实践表明:逆变电源的运行寿命一般在 4~6 年,到期应及时更换;一般要求每 5~6 年需更换一次微机保护电源。现场的熔丝配置是按照从负荷到电源,熔断电流一级比一级大的原则配置的,以保证在直流电路上发生短路或过载时熔丝的选择性。但是不同熔丝的底座没有区别,如运行人员疏

忽,易造成回路发生过流时,熔丝越级熔断,故必须认真核对,或建议设计者为不同容量的熔丝设计不同的形式,以便于区别。

(2) 带直流电源插拔插件。如果在不停直流电源的情况下,插拔各种插件易造成装置损坏或电力事故。因此,必须加强工作人员的思想教育,现场加强监督,严禁带电插拔插件。

(3) TA 饱和问题。如果系统短路,电流急剧增加,在中低压系统中电流互感器 TA 易出现饱和现象,影响继电保护装置动作的正确性,如现场馈线保护因电流互感器饱和而拒动,主变压器后备保护越级跳开主变压器三侧开关等。由于数字式继电器采用微机实现,其主要工作电源电压一般为 5 V 左右,数据采集部分的有效电平电后也仅有 10 V 左右,因此能有效处理的信号范围更小。

3. TA 的饱和对数字式继电器的影响及预防

(1) 对辅助判据的影响。有的微机保护中采用 $I_A + I_B + I_C = 3I_O$,作为正常运行时的闭锁措施是非常有效的;但作为 TA 回路断线和数据采集回路故障的辅助判据,在故障且 TA 饱和时,就会使保护误闭锁,引起拒动。

(2) 对基于工频分量算法的影响。工频分量与饱和角有关,故在 TA 饱和时,数字式继电器的动作将受到影响。

(3) 防止 TA 饱和的方法与对策。对于 TA 饱和问题,从运行和故障分析的经验来看,主要采取分列运行方式或串联电抗器来限制短路电流;增大保护级 TA 的变比,以及利用保护安装处可能出现的最大短路电流和互感器的负载能力与饱和倍数来确定 TA 的变比;缩短 TA 二次电缆长度及加大二次电缆截面;保护安装在开关处能有效减小二次回路阻抗,防止 TA 饱和。

4. 抗干扰问题

如果微机保护的抗干扰性能较差,在保护屏附近使用对讲机和其他无线通信设备时,会导致一些逻辑元件误动作。在某些现场,曾发生过电焊机在进行氩弧焊接时,高频信号感应到保护电缆上使微机保护误跳闸的事故。要严格执行有关反事故技术措施,尽可能避免操作干扰、冲击负荷干扰、直流回路接地干扰等问题的发生。

5. 插件绝缘问题

微机保护装置的集成度高,布线紧密,长期运行后,由于静电作用使插件的接线焊点周围聚集大量静电尘埃,使两焊点之间形成导电通道,从而引起装置故障或者事故的发生。

6. 软件版本问题

由于装置自身的质量或程序漏洞问题,软件版本问题通常只有在现场运行过相当一段时间后才能被发现。因此在保护调试、检验、故障分析中发现的不正常或不可靠现象应及时向上级或厂商反馈情况,更新程序版本以便改进,每年应进行 2 次定值和版本核查。

7. 高频收发信机问题

在 220 kV 线路保护运行中,收发信机问题仍然是造成纵联保护不正确动作的主要因素,包括元器件损坏、抗干扰性能差等。应注意校核继电保护通信设备(光纤、微波、载波)传输信号的可靠性和冗余度,防止因通信设备的问题引起保护不正确动作。另外,高频保护的收发信机的不正常工作,也是高频保护不正确动作的重要原因之一。

8. 接线错误

在保护装置安装、检修中,接线错误也是保护装置出现故障的主要原因之一。有的接线错误会导致合闸失败,这类故障易于查找,往往在设备正常投运前可以查出并解决;有的接线错误会导致无法分闸,这类故障往往在正常运行的设备中也会存在,但需要设备出现故障跳闸时才会被发现,易导致故障的扩大。

(二) 故障处理

1. 收集故障信息

故障录波和时间记录、微机事件记录、故障录波图形、灯光显示信号是事故处理的重要依据。若判断故障确实是发生在继电保护上,应尽量维持原状,做好记录,做出故障处理计划后再开展工作,以避免原始状况的破坏给事故处理带来不必要的麻烦。

2. 故障排查方法

(1) 逆序检查法。如果利用微机事件记录和故障录波不能在短时间内找到事故发生的根源,应注意从事故发生的结果出发,一级一级往前查找,直到找到根源为止。这种方法常应用在保护出现误动时。

(2) 顺序检查法。该方法是利用检验调试的手段来寻找故障的根源。按外部检查、绝缘检测、定值检查、电源性能测试、保护性能检查等顺序进行。这种方法主要应用于微机保护出现拒动或者逻辑出现问题的事故处理中。

(3) 运用整组试验法。此方法的主要目的是检查保护装置的动作逻辑、动作时间是否正常,往往可以用很短的时间再现故障,并判明问题的根源。如出现异常,再结合其他方法进行检查。

(三) 故障处理注意事项

1. 对试验电源的要求

在进行微机保护试验时,要求使用单独的供电电源,并核实试验电源是否满足三相为正序和对称的电压,并检查其正弦波及中性线是否良好,电源容量是否足够等要素。

2. 对仪器仪表的要求

万用表、电压表、示波器等获取电压信号的仪器必须具有高输入阻抗。继电保护测试仪、移相器、三相调压器应注意其性能稳定性。

(四) 故障处理要求

(1) 工作人员必须掌握保护的基本原理和性能,根据保护及自动装置产生的现象分析故障或事故发生的原因,迅速确定故障部位。

(2) 运用正确的检查方法。一般继电保护故障往往经过简单的检查就能够被查出,如果经过一些常规的检查仍未发现故障元件,说明该故障较为隐蔽,此时可采用逐级逆向检查法,即从故障现象的暴露点着手去分析原因,由故障原因判别故障范围。如果仍不能确定故障原因,就采用顺序检查法,对装置进行全面的检查。

(3) 掌握微机保护故障处理技巧。在微机保护的故障处理中,以往的经验是非常宝贵的,它能帮助工作人员快速消除重复发生的故障。

三、继电保护典型故障案例分析

1. 电流回路接线错误造成保护拒动

(1) 故障简述。某甲乙线发生单相接地故障,甲侧继电保护装置拒动,使甲站出线对侧零序后备保护误动作,造成甲站全站停电。

(2) 故障分析。故障后经现场检查发现,这次保护拒动的原因为在保护 PXH-109X 的端子 1017 和 1018 之间跨有一条短接线,如图 3-11 所示,发生故障时,310 经过这条短接线流回中性线,使零序电流元件和零序功率方向元件电流线圈短路,造成方向零序保护拒动。

(3) 采取对策。拆除 1017 与 1018 之间的短接线。

(4) 经验教训。

① 故障后无法确认 1017 与 1018 之间短接线是在什么时间、由于什么原因短接,暴露了运行单位维护人员在设备安装验收、正常维护、定期检查中没有认真检查,管理上存在漏洞。

② 维修人员在定期检验时,如果发现电流从 N411 和 N413 之间通入,就可以发现该故障,因为电流从短接线上流走了。

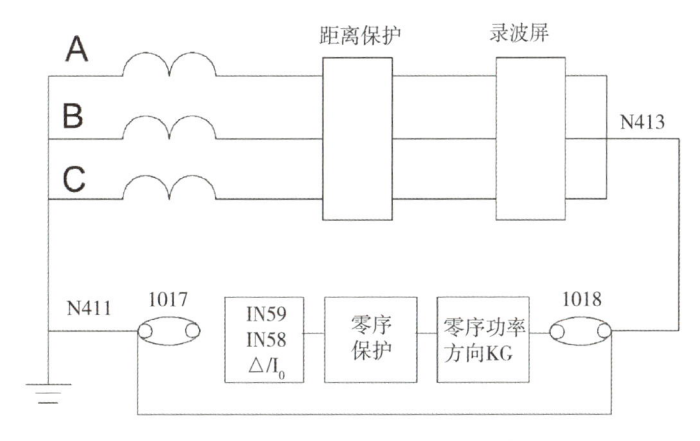

图 3-11　端子 1017/1018 跨线示意图

2. 电流互感器二次接线错误引起误动

(1) 故障情况。某泵站的高压站变压器用的高、低压侧绕组均为星形接线，高压侧为电源侧，其绕组的中性点直接接地；低压侧为负荷侧，无电源且为不接地系统，变压器差动保护用的高、低压侧 TA 二次绕组均为 Y 形接线。自投入运行以来，在变压器高压侧（电源侧）发生区外单相故障时，变压器差动保护多次误动作。经继电保护专业人员反复验算定值、检查保护装置均未见异常。

(2) 原因分析。经分析，可以得到以下结论：

尽管变压器低压侧无电源，但当其高压侧发生区外接地故障时，由于高压侧的中性点直接接地，因此，变压器依然向故障点提供含有零序分量的故障电流，该故障电流的大小与变压器及整个系统中各元件的正、负、零序电抗的大小及分布状况有关。

变压器高压侧的故障电流中含有正、负、零序分量，其中正、负序电流可以通过负荷形成回路而传变至变压器的低压侧；零序电流则由于变压器低压侧为不接地系统，故无零序通路仅存在于高压侧。当用于变压器差动保护 TA 次侧均采用 Y 形接线，且不考虑如何消除高压侧零序电流的影响时，高压侧故障电流中的零序电流将全部成为差动保护继电器的不平衡电流，当这种不平衡电流足够大时，便会导致保护装置的误动作。

(3) 措施。为了避免 Y0/Y 变压器差动保护在电源侧（中性点直接接地侧）发生接地故障时的误动作，应设法消除中性点直接接地侧零序电流分量的影响，一般需将此类变压器差动保护用的 TA 二次侧均接为△形接线，使高压侧的零序电流仅在电流互感器次绕组内环流，不流入差动继电器，而微机型的变压器保护亦可在程序设计时采取措施防范。

(4) 经验教训。出现此类错误的原因在于专业人员特别是设计人员没有对具体情况进行认真的分析。他们简单地认为 Y0/Y 变压器差动保护中不存在"角度转换"的问题，因此认为 TA 二次回路接成 Y 形或△形均无所谓，而没有考虑电源侧发生接地故障时的特殊情况。

电磁型差动保护通常是按躲过变压器空载合闸电流等因素整定的，其整定值一般为额定电流的 1.3～1.5 倍，灵敏度较低，因此当 Y0/Y 变压器差动保护的 TA 二次采用 Y 形接线时，高压侧区外接地故障引起的差动回路不平衡电流不易导致保护误动作；静态型变压器差动保护装置通常采用间断角判别、二次谐波制动或波形对称等原理来判别励磁涌流，其整定值一般为额定电流的 30%～50%，灵敏度较高，如 Y0/Y 变压器差动保护的 TA 二次采用 Y 形接线，高压侧区外接地故障引起的差动回路不平衡电流相对较大，容易造成保护装置误动作。因此对于 Y0/Y 变压器，不论使用何种型号的差动保护装置，在 Y0 侧的 TA 均应接成△接线。

3. CT 极性接反造成保护动作

(1) 故障现象。某 35kV 变电站采用常规保护装置，在电源线路过负荷时保护误动作跳闸，全站失压。

(2) 原因分析。经检查发现该变电站线路中 C 相 CT 极性接反，造成两相三继电器接线方式中的 N

相为差电流,电流值增大$\sqrt{3}$倍。

(3) 措施。根据规程要求,二次回路接线改动后,应该进行整组试验和带负荷测试。

4. 电容器故障及其保护措施分析

一般中低压电气回路中通常装设并联电容器组(或称并联补偿电容器),补偿系统无功功率的不足,以提高电压质量,降低电能损耗,提高系统运行的稳定性。

(1) 电容器应配置能反映下述故障和不正常运行情况的保护。

① 电容器组和断路器之间连接线的短路。

② 电容器内部极间短路。

③ 电容器组中多台电容器故障。

④ 电容器组过负荷。

⑤ 电容器组的母线电压升高。

⑥ 电容器组失压。

(2) 电容器组的保护配置要求。

① 对电容器组和断路器之间连接线的短路,宜装设带短时限的过电流保护,动作于跳闸。保护应设 0.2 s 以上时限,以避开电容器组投入时的涌流。

② 并联电容器组由多台单个的电容器串、并联组成。内部极间短路一般采用专用的熔断器进行保护。

③ 当电容器组多台电容器故障时,其电压或电流就会不平衡,可采用不平衡电流或不平衡电压来进行保护。具体保护方法视电容器组的接线方式而定。

④ 电容器组的过负荷是由系统过压及高次谐波所引起的。按规定电容器只能在 1.1 倍额定电流下长期运行,超过允许值时,应反应于信号或跳闸,故电容器应装设反应稳态电压升高的过电压保护。

⑤ 给电容器组供电的线路因故障断开后,电容器组失去电源,开始放电,其上电压逐渐降低。若残余电压未放电到额定电压的 1/10 时,线路重合会使电容器组重新充电,这样可能使电容器组承受高于长期允许额定电压 1/10 的合闸过压,从而导致电容器组的损坏,因而应装设低电压保护。

5. 电动机故障及其保护措施分析

电动机分为异步电动机和同步电动机两种,中小型电动机一般都采用异步电动机,而大中型电动机则采用同步电动机。

(1) 电动机的故障类型及保护配置要求。

① 电动机的故障主要是定子绕组的相间故障,其次是单相接地短路和一相绕组的匝间短路。定子绕组的相间短路对电动机来说是最严重的故障,它不仅会引起绕组的绝缘损坏、铁芯烧毁,甚至会使供电网络电压显著降低,破坏其他设备的正常工作。规程规定,容量在 2 000 kW 以下的电动机应装设电流速断保护,容量在 2 000 kW 以上的电动机应装设纵差动保护。保护装置动作于跳闸,对同步电动机还应进行灭磁。

② 单相接地短路对电动机的危害程度取决于电网中性点接地方式。在 380/220 V 电网中,由于中性点直接接地,所以应装设单相接地短路保护,并动作于跳闸。对于 3~10 kV 电动机,因电网中性点不接地,只有当接地电流大于 5 A 时,才装设单相接地保护,动作于信号,或跳闸。

③ 绕组匝间短路破坏电动机的对称运行,并使相电流增大。最严重的情况是电动机的一相绕组全部短接,可能引起电动机严重损坏。

(2) 电动机不正常运行状态及保护配置要求。电动机的不正常运行状态有过负荷、相电流不平衡、低电压,此外,对于同步电动机还有异步运行和失磁等。较长时间的过负荷会导致温升超过允许值,加速绕组绝缘老化,降低寿命甚至将电动机烧坏。

① 为反映相电流的不平衡,电动机可装设负序过流保护。

② 电压降低时,电动机的输出转矩随电压平方降低,电动机吸取电流随之增大。为保证重要电动机

的正常运行,在次要电动机上应装设低电压保护。

③ 因电网电压降低、励磁电流减小或消失,同步电动机还可能失去同步而转入异步运行,严重时将产生机械和电气共振,使电动机损坏。因此,同步电动机还需装设失步保护和失磁保护。

6. 变压器故障及其保护措施分析

(1) 变压器的故障类型可分为油箱内部故障和油箱外部故障。油箱内部故障主要有:各项绕组之间的相间短路、单项绕组部分线匝之间的匝间短路、单项绕组或引出线通过外壳发生的单相接地故障。油箱外部故障主要有:引出线的相间短路、绝缘套管闪烁或破坏引出线通过外壳发生的单相接地短路。

(2) 变压器不正常工作状态主要有:外部短路或过负荷、过电流、油箱漏油造成油面降低、变压器中性点接地、外加电压过高或频率降低及过励磁等。

(3) 保护配置要求。

① 瓦斯保护。防御变压器油箱内各种短路故障和油面降低,重瓦斯用于跳闸,轻瓦斯用于报警信号。

② 纵差动保护和电流速断保护。防御变压器绕组和引出线的多相短路、大接地电流系统侧绕组和引出线的单相接地短路及绕组匝间短路。

③ 相间短路的后备保护作为①、②的后备,主要有:过电流保护;复合电压启动的过电流保护;负序过电流。

(4) 零序电流保护。防御大接地电流系统中变压器外部接地短路。

(5) 过负荷保护。防御变压器对称过负荷。

7. 高压断路器各回路功能及保护分析

(1) 位置监视。跳位监视回路中,TWJ 是一个电压继电器,其通电线圈接到断路器的合闸回路中,与开关常闭接点、合闸线圈串联在一起,对合闸回路进行监视。当开关处于跳位时,开关常闭接点闭合,TWJ 导通,输出常开接点,去点亮跳位灯。

TWJ 与 HWJ 的常闭接点,串在一起,构成了控制回路断线监视功能。正常时,断路器不是处于合位就是跳位,所以这两个接点串在一起应该是开位,如果电源失电时,两个继电器失电,则两个接点全部闭合。这就表示控制回路断线故障。

(2) 合闸回路。HBJ、TBJ2 与开关常闭接点、合闸线圈串联在一起,构成了合闸回路。其中 HBJ 的常开接点并在前面,起到了保持作用。TBJ2 是用于防跳回路的。

(3) 跳闸回路。跳闸回路的动作过程同合闸回路类似。

(4) 防跳回路。当断路器的控制开关在合闸位置(或合闸控制回路由于某种原因接通),当线路存在故障时,继电保护装置动作于断路器跳闸,此时断路器发生再合闸、跳闸等多次重复动作的现象,称为"跳跃"。

断路器的跳跃对自身损伤极大,多次跳跃甚至有可能导致断路器爆炸。断路器防跳回路就是为避免这种情况发生而设计的,当断路器跳跃时,防跳回路经继电器互相闭锁,可以达到强制断开合闸回路的功能,从而使断路器一直位于跳位。

在操作回路原理图中,当跳闸回路与合闸回路同时接通时,TBJ1 导通,TBJ1 的常开接点闭合,防跳回路导通,TBJ2 导通,TBJ2 的常闭接点断开,从而断开了合闸回路,使断路器固定在跳闸位置,起到了防止断路器跳跃的功能。

(5) 压力闭锁回路。在 35 kV 及以上电压等级中,有时会使用 SF_6 开关,这种开关采用液压机构,开关跳闸及合闸时要确保跳闸机构和合闸机构中的压力正常。如果压力异常时强行跳合闸,将会导致开关爆炸等严重事故。所以,此装置的操作回路中,应具备压力闭锁功能。

第四章

泵站辅助设备

第一节　水系统故障及排除方法

一、水系统简介

泵站的水系统由供水系统和排水系统两个部分组成。

供水系统包括技术供水、消防供水和生活供水。供给生产上的用水称作技术供水，主要是供给主机组及其辅助设备的冷却润滑水，如同步电动机的空气冷却器冷却用水、推力轴承和上下导轴承的油冷却器冷却用水、水泵油导轴承的密封润滑用水和水泵橡胶轴承的润滑用水，以及水环式真空泵工作用水和水冷式空气压缩机冷却用水等。技术供水量在全部供水量中所占比例一般可达 85% 左右。

排水系统包括渗漏排水和检修排水。检修排水是指泵站检修时排除进出水流道、出水管和廊道的积水，同时又可排除进水流道检修门和出水管快速门的渗漏水。渗漏排水指厂房水工建筑物的渗水、机械设备的漏水等。

二、水系统故障排除方法实例

（一）供水系统故障

1. 故障现象

供水泵、排水泵、滤水器、联轴层进水母管等发生故障损坏。例如进水口堵塞、供水压力骤降等问题。

2. 原因

（1）供水系统安装于水泵层，供水泵直接抽取下游河道水，且下游河道内水草、杂物较多。

（2）部分部件存在老化、损坏、加工精度不足等问题。

3. 解决方法

（1）对供水系统进行改造，新增设供水泵、冷水机组、高位水箱及相关管道、闸阀等。

（2）供水系统改用变频恒压循环供水、冷水机组冷却的方式。

（二）技术供水循环管路断裂

1. 故障现象

技术供水循环管道的固定卡扣损坏，并被水流冲散。

2. 原因

(1) 管路设计存在缺陷。

(2) 管道固定方式不可靠、卡扣质量较差。

3. 解决方法

将底部支架重新安装,并制作不锈钢固定板,将其焊接在支架上(如图4-1)。

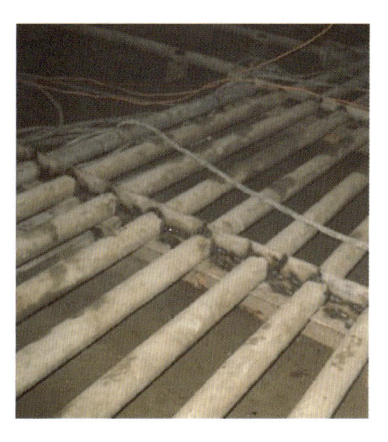

(a) 修复前　　　　　　　　(b) 修复后

图4-1　技术供水循环管道修复前后对比图

(三)供水母管破损

1. 故障现象

(1) 出水流道附近的供水母管破裂,水流向外大量喷射。

(2) 供水母管的压力较低,但供水泵一直在运行。

2. 原因

(1) 出水流道或地基出现不均匀沉降。

(2) 供水母管的管线布置不合理。

(2) 供水母管为铸铁管,经过多年运用,铸铁管老化。

3. 解决方法

在不同底板的分界处增加波纹管,减小不均匀沉降的影响。

(四)示流信号计处管路淤堵

1. 故障现象

示流信号计处管路淤堵,导致供水管水压力不足,影响冷却效果。

2. 原因

(1) 供水水源为下游引河,引河内泥沙含量高、杂物及水生生物较多。

(2) 示流信号计内机构阻水形成淤堵。

3. 解决方法

(1) 在供水系统中增加 ZWLQ—30 轴瓦冷却机组。

(2) 改用封闭循环式供水方式,对冷却水系统进行优化改造。

三、水系统典型故障案例分析

国内某大型泵站采用间接供水的模式(改造前),供水系统图如图4-2所示。

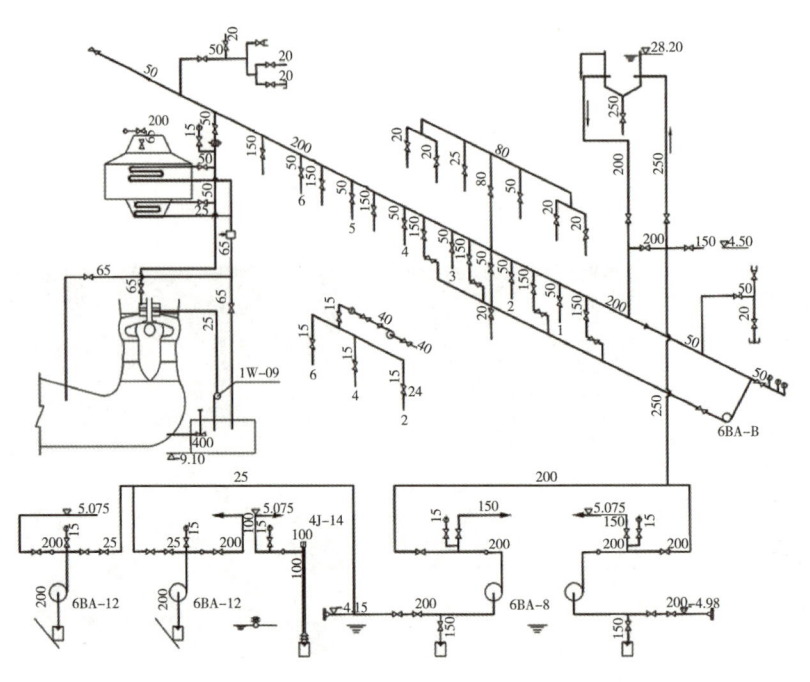

图 4-2 改造前供水系统图(单位:高程为 m,其他为 cm)

该站运行中,工作人员发现供水母管压力较低,但供水泵一直在运行。冷却水压力不足,危及全站主机的安全运行。

经检查,发现厂房西地下室墙外的窨井有水往外流,压力很大,揭开盖板发现,冷却水母管有一节管道破裂。

该站供水母管为 $\phi250$ mm 铸铁管,破裂管道位于厂房西地下室墙根处,为穿墙管,大半裸露在墙外,破裂的洞形状为底 40 cm、高 15 cm 的不规则三角形。西地下室和主厂房不是一个基础(地下室建在回填土上),沉陷不均匀,穿墙而过的管道长期受力,加之供水母管老化,最终导致破裂。

该站故障发生后全站机组继续运行,同时采取调整相关闸阀,使用供水泵直接供水,加强巡视检查等措施确保机组安全运行。随后进行抢修,在不同底板的分界处增加波纹管,减小不均匀沉降的影响。

四、水系统故障预防措施

(一)供水系统故障

供水系统故障的解决方法:改造泵站的供水系统,将外循环改为内循环,即采用变频恒压循环供水、冷水机组冷却。

(二)技术供水循环管路断裂

1. 根据《泵站设备安装及验收规范》(SL 317—2015),对辅助设备及设施和金属结构的保养更新有如下要求。

① 泵站油、气、水管道锈蚀和烂穿的现象较为普遍,对此应予更新,但穿墙部分及其连接件难以更换,在改造时尽可能采用可拆卸的不锈钢伸缩节,管道的连接结构应利于拆装。对主渠道穿出泵房墙体的部分,也宜采用不锈钢伸缩节,避免因不均匀沉降而引起的管道断裂。

② 泵站中的金属结构及其设备,如拦污栅栅体、拍门、各种闸门及埋件等,应按国家水利行业现行标准《水工金属结构防腐蚀规范》(SL 105—2007)的规定进行防锈、防腐处理。

2. 《泵站设备安装及验收规范》(SL 317—2015)对管路安装有如下规定:整个管线布置要力求最短,转弯最少,避免上下弯曲,并能保证管子能伸缩变形。安装阀件时,要注意其进口和出口的方向。系统中任何一段管子或管件要做到能自由拆装,并且不影响其他的管子及附件。管道布置要平行或垂直于设备、墙壁,尽量避免交叉。转弯处的弧度要弯曲一致,弯曲半径要在同一个中心点。

3. 按《泵站技术管理规程》(GB/T 30948—2021)的要求,定期进行检查,维护和保养,管道连接应密封良好,无渗漏,定期进行防腐处理。

4. 按《泵站技术管理规程》(GB/T 30948—2021)的要求,应定期对压力管道及伸缩器(节)的变形、锈蚀、位移和渗漏等情况进行检查和处理。

5. 对设备存在的缺陷问题进行改进优化,如改变管道安装方式、安装地点等,并提高设备的安装质量。

第二节　气系统故障及排除方法

一、气系统简介

泵站工程中的气系统包括中压气系统、低压气系统、抽真空系统等。

1. 中压气系统

中压气系统的压力一般为 2.5 MPa 和 4 MPa,主要向水泵叶片调节机构的油压装置充气。

采用油压操作的全调节水泵,其油压装置的储能器有 1/3 容积是透平油,其余 2/3 容积为压缩空气,二者共同形成操作所必需的工作压力。压缩空气具有弹性,可使操作压力的波动减至最小,以保持调节系统工作的稳定。

储能器首次充气可以采取两种方式:一种方式是用中压空压机直接充气以达到工作压力;另一种方式是先用低压压气系统向储能器充气至 0.7 MPa,然后由油泵抽油至规定油位,再用中压空压机充气,最后达到工作压力。

充入储能器中的压缩空气应该干燥,避免压力油混入水分,以致锈蚀叶片调节操作机构,故空压机出口管道上应装设油水分离器。

2. 低压气系统

低压气系统的压力一般为 0.6~0.8 MPa,主要用于机组制动、打开虹吸式出水流道的真空破坏阀、安装检修时的吹扫设备等。

水泵机组停机时,电源被切断,流道上的水流由于重力或虹吸作用而产生倒流。对于虹吸式出水流道的断流方式,一般采用打开驼峰顶部的真空破坏阀,使空气在几秒钟内进入流道内破坏真空。真空破坏阀的开启系利用压缩空气进入阀体活塞下部,将阀体顶起。供气采用自动操作,用电磁阀控制,纳入停机自动操作回路上,以便停机后及时断流。

3. 抽真空系统

抽真空系统用途如下。

(1) 启动充水

抽真空系统主要用于水泵叶轮位于水面(即安装高度为正值)的水泵启动时的抽真空灌注引水。卧式泵(包括离心泵、混流泵和轴流泵)在出现叶轮高于进水池低于水面启动情况下,必须在启动前使水泵叶轮充满水,否则水泵无法启动。对于小型水泵往往采用底阀,用人工的方法给进水管和水泵叶轮的空间充满水。但因为底阀的阻力很大,大中型泵的启动充水都采用抽真空的方法来完成。大型泵站的供排水泵为了便于运行管理自动化,也往往采用抽真空的方法进行启动充水。

（2）虹吸式出水流道抽气

大型立式泵（如轴流泵和导叶式混流泵）通常将叶轮安装在最低水位下，水泵启动前叶轮淹没在水中，故无需充水即可启动。但当大型泵站采用虹吸式出水流道时，水泵启动过程中虹吸管顶部的空气排除困难，延长了虹吸形成时间，并会使出水流道内出现压缩膨胀现象，从而引起压力脉动。流道内的空气被压缩后将增加水泵的启动扬程。因为轴流泵具有在小流量区运行不稳定的特性，所以长时间在小流量区运行也会进一步加剧水泵机组振动和增加启动阻力矩，使机组启动困难。如果在电动机牵入同步的允许时间内水泵机组的转速达不到亚同步转速，电动机将无法启动。机组长时间振动，将会缩短机组寿命，也会影响机组安全运行。因此，为了改善机组启动条件，虹吸式出水流道顶部都应设置抽真空设备。

（3）抽真空

在泵站反向发电时抽真空，使水倒流，主要用于虹吸式出水流道泵站。

二、气系统故障排除方法实例

（一）真空破坏阀故障

1. 故障现象

真空破坏阀在运行过程中，出现了无法开启、电磁阀漏气、上位机无法操作、进气管漏气以及不动作的现象。

2. 原因

（1）电磁阀存在线圈烧毁、密封圈损坏及老化的问题。

（2）电磁阀等设备安装质量不合格。

3. 解决方法

（1）对损坏的电磁阀线圈、密封圈及时进行更换处理。

（2）提高设备安装质量。

（二）真空破坏阀故障开阀

1. 故障现象

真空破坏阀在运行过程中，发生了故障开阀的现象。

2. 原因

（1）电磁铁线圈损坏，副磁铁控制电路板元件损坏。

（2）电磁铁线圈供电回路或者控制回路故障。

3. 解决方法

直接更换电磁阀。

三、气系统典型故障案例分析

国内某大型泵站采用设置压力为 0.8 MPa 的低压空气系统。该泵站不考虑机组刹车用气，其主要设备为低压空压机 2 台，互为备用。另设容积为 2 m³ 的储气罐 1 只，除供真空破坏阀用气外，还可供给泵站内风动工具及吹扫设备用气。该站采用压缩空气控制的真空破坏阀。图 4-3 为气系统结构图。

该站真空破坏阀发生过多次故障事件，具体情况如下。

2008 年 5 月 19 日，2 号真空破坏阀运行中无法开启，检查过后发现电磁阀线圈已烧毁。

2009 年 3 月 5 日，2 号真空破坏阀再次发生故障，故障表现为电磁阀漏气，工作人员检查后发现电

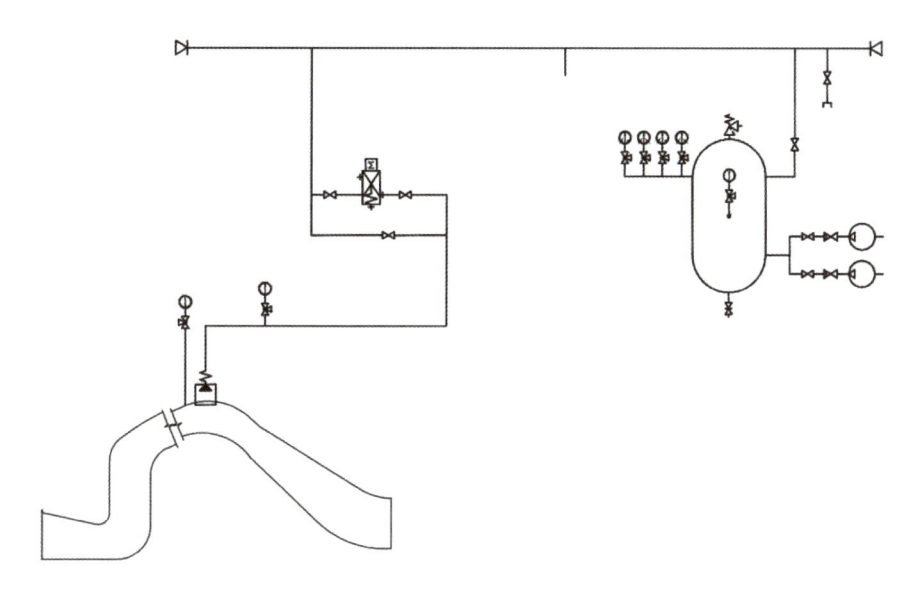

图 4-3　某泵站气系统结构图

磁阀密封圈损坏。

2009年5月21日,2号真空破坏阀上位机无法操作,检查后发现电磁阀线圈再次烧毁。

2009年5月21日,2号真空破坏阀进气管漏气,为密封圈老化导致。

2010年3月15日,4号真空破坏阀电磁阀漏气,更换电磁阀密封圈后故障消失。

2013年1月5日,2号主机试运行过程中,由于电磁阀线圈损坏导致真空破坏阀不动作。

2017年11月19日,3号机组运行过程中,由于电磁阀线圈损坏导致真空破坏阀不动作。

2018年7月7日,2号机组联动调试时真空破坏阀未打开,故障原因仍为电磁阀线圈损坏。

该站真空破坏阀故障的主要原因为设备部件老化。上述统计故障中,电磁阀线圈、密封圈的损坏导致的故障占大多数,真空破坏阀密封失效引起的漏气故障是一种常见的故障。设备安装缺陷是故障的根本原因,在已统计的故障中,2号真空破坏阀的故障占总故障数的75%,而其余机组的故障只占25%,这说明2号真空破坏阀存在一定的安装缺陷,在相同运行条件下比其余机组更加频繁的出现故障。

综上分析,该站真空破坏阀故障的主要原因为设备部件老化,部分原因为设备安装缺陷。

四、气系统故障预防措施

(一) 真空破坏阀故障

1. 针对真空破坏阀漏气问题可以采取以下防护措施。

(1) 增大密封圈外径,改变密封形式,将斜面密封改为平面密封;更换密封件材质,将橡胶材质改为硅胶材质。

(2) 改造阀座的结构,改变密封形式,将斜面密封改为平面密封;更换密封件材质,将橡胶材质改为硅胶材质。

(3) 更换新设备,密封形式选择平面密封,使用性能更好的密封件。

《泵站更新改造技术规范》(GB/T 50510—2009)中对真空破坏阀更新改造有以下要求:真空破坏阀的改造,应满足停机时能及时破坏真空防止倒流、正常运行时关闭严密防止进气的要求。

(4) 设计单位可以提高电磁阀的标准,或者并联一个电磁阀。

2. 《泵站设备安装及验收规范》(SL 317—2015)对真空破坏阀安装及运行有如下要求。

(1) 阀座水平度偏差不应大于0.20 mm/m,中心线位置偏差不应大于10 mm,密封面无间隙。

（2）真空破坏阀及附件的安装应符合设计和安装使用说明书的规定。

（3）真空破坏阀和补气阀应做动作试验和渗漏试验,动作应灵活、可靠,无渗漏,其起始动作压力和最大开度值,应符合设计要求。

按照上述要求,对阀座水平度偏差、中心线位置偏差进行校准;对真空破坏阀进行相关试验;参考其余机组的安装细节,优化易故障机组的安装质量。

3.《泵站技术管理规程》(GB/T 30948—2021)对气系统管理有如下要求。

（1）油、气,水系统中的安全装置、自动装置及压力继电器等应定期检验,动作可靠,控制设定值符合安全运行要求。

（2）虹吸式出水流道真空破坏阀的运行应符合：真空破坏阀在关闭状态下密封良好；按水泵启动排气的要求调整阀盖弹簧压力；真空破坏阀吸气口附近无影响吸气的杂物；保证破坏真空的控制设备或辅助应急措施处于能随时投入状态。对设备质量与安装质量进行严格把控。

第三节 油系统故障及排除方法

一、油系统简介

大型泵站的油系统主要包括润滑油、压力油及油处理系统等部分。

1. 润滑油系统

润滑油系统主要作用是润滑水泵和电动机的轴承,包括电动机的推力轴承、上下导轴承和水泵导轴承。

2. 压力油系统

压力油系统是为全调节水泵叶片调节机构和液压启闭机闸门启闭、顶转子等传递所需能量的系统,它主要由油压装置和调节器等组成。

3. 油处理系统

轻度劣化或被水和机械杂质污染的油,称为污油。污油经过净化处理仍可以使用,可根据油的污染程度采取不同的处理方法,对于深度污染劣化的重质废油,只能采取物理化学方法使油再生,这就必须用专用设备集中处理,一般泵站不予考虑。

二、油系统故障排除方法实例

（一）油压装置故障

1. 故障现象

（1）油压装置发生压力不足的现象。

（2）油压装置的PLC模块发出警报。

（3）油压装置蓄能器保压时间短、启动频繁。

（4）法兰、表计接口以及管路处出现漏油、渗油的现象。

2. 原因

（1）油压装置设备本身存在缺陷,如卸荷阀、手动泄压阀以及气囊等损坏。

（2）油压装置设备安装质量不高。

（3）油压装置运行环境恶劣。

3. 解决方法

对损坏的阀件进行更换处理，对 PLC 模块损坏元件进行更换处理。

（二）液压减载装置漏油

1. 故障现象

（1）液压减载装置渗漏油严重。

（2）振动和噪音较大。

2. 原因

（1）电机绝缘老化。

（2）液压减载装置密封不严。

（3）电机和油泵属于被淘汰产品，质量不合格。

3. 解决方法

对整个液压减载装置进行更新改造，应选用质量合格的电机及油泵，并对系统进行重新设计，所有设备、阀组、显示仪表均集中组装在一个现场控制柜上。

三、油系统典型故障案例分析

某大型泵站采用液压中置式全调节机构设置工作压力为 4.0 MPa 的油压装置两台套，每套油压装置配备两台油泵向压力油罐充油，互为备用，图 4-4 为该泵站油系统示意图。1 号和 2 号油压装置为天津天骄水电成套设备有限公司生产的，配套两台 IKK 油泵；3 号和 4 号油压装置为日本日立株式会社生产的，工作压力为 3.6～4.0 MPa，配备两台油泵向压力油罐充油；压力油管路采用无缝钢管；油处理设备采用真空压滤机一台。

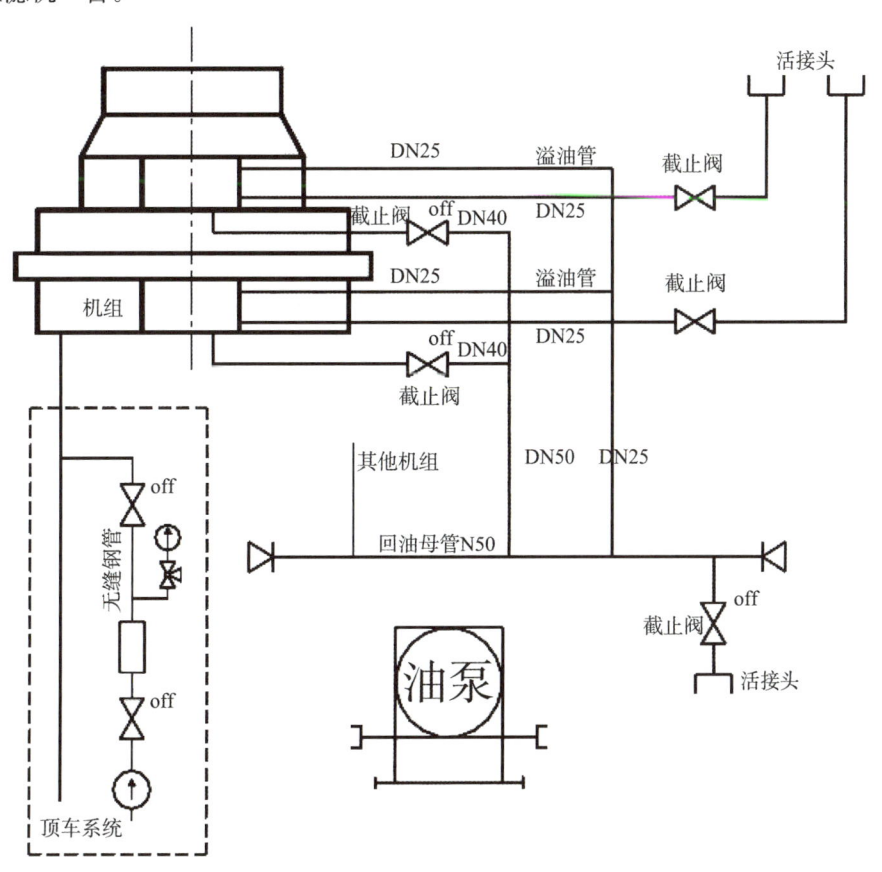

图 4-4 某泵站油系统示意图

该站油压装置发生过多次故障,具体情况如下:

2007年7月30日,2号油压装置发生了压力不足的现象,在排查了压力开关后,检修人员发现是卸荷阀损坏引起了本次故障,遂将故障的阀件更换,装置运行恢复正常。

2009年5月11日,2号油压装置又发生了压力不足的问题,本次故障原因是手动泄压阀损坏,在更换后装置运行恢复正常,压力稳定。

2008年4月24日,1号油压装置运行中PLC模块发出警报,在工作人员检查后发现是PLC模块故障导致,将模块更换后装置恢复正常运行。

2016年8月23日,2号油压装置运行过程中发生异常,工作人员检查后发现是PLC模块故障导致,在对其进行更换后再次运行,装置运行良好。

某次巡视,工作人员发现2号油压装置蓄能器保压时间短、启动频繁,检查发现蓄能器中有气囊损坏。

此外2号机组在多年的运行中有多次漏油渗油的现象,常常发生在法兰和表计接口处,有时发生在管路中,一般由工作人员在巡检时发现,在对漏油部位进行处理后漏渗油问题得到解决。

该站油压装置故障主要原因为装置本身缺陷与安装质量问题。1号油压装置与2号油压装置在相同运行环境中运行,1号机组常年运行稳定,很少出现故障问题,2号机组运行过程中则多次出现压力不足、模块损坏、仪表读数错误等问题,并且2号机组多次出现渗油漏油问题,而另一台机组则基本没有出现过该问题,综合分析该故障的原因为装置本身的缺陷与安装质量造成的差异。

油压装置故障的次要原因是装置运行环境恶劣,在上述案例中可以看到大多数故障为阀件或模块的损坏造成的,除了设备老化的因素以外还有运行环境因素,如长时间的异常水力共振会导致法兰密封圈的损坏、法兰螺栓松动、表计接头松动,严重时还可能导致油管破裂。

油压装置故障中对阀件损坏的故障进行了更换处理,PLC模块故障中对损坏元件进行了更换处理。仪表盘接口、法兰漏油故障一般由巡检人员及时发现后进行处理。

四、油系统故障预防措施

(一) 油压装置故障

1. 根据《泵站更新改造技术规范》(GB/T 50510—2009)的规定,对油系统设备进行更新改造。有条件时,优化装置的安装质量、制造质量,提高产品本身的质量。

2. 需优化设备制造质量及安装质量。

3.《泵站设备安装及验收规范》(SL 317—2015)对油系统安装及运行有如下要求。

(1) 回油箱应按规范2.1.7条的规定进行渗漏试验,确认无渗漏现象。

(2) 油压装置的工作油泵压力控制元件、备用油泵压力控制元件,溢流阀、减压阀和安全阀等的整定值,应符合设计要求,油泵自动启动和自动停止的动作及油压过高、过低的信号均应准确可靠。

(3) 重要部位的阀门安装应符合设计和安装使用说明书的要求,自动化元件应校验合格,动作试验应满足设计要求。管道试验应符合设计和国家现行有关标准的要求。

(4) 油压装置用油一般为汽轮机油,又称透平油。不同牌号的油有各自的特征和基本性能。油的质量对运行设备影响很大,因而对油的性能有严格的要求。

(5) 应对受到长时间振动影响而导致漏油渗油的部件进行加固处理,如法兰、表计的接头处等。

(6) 按照规范对油压装置的各压力控制元件、溢流阀、减压阀等的整定值进行调整,使其符合规定,调整油压过高、过低时自动停止的信号使其更加准确可靠。

(7) 油压装置各部件的调整要求:检查压力、油位传感器的输出电压(电流)与油压、油位变化的关系曲线,在工作油压、油位可能变化的范围内应为线性,其特性应符合设计要求。压力信号器的动作偏差不大于整定值的±1%,其返回值不超过设计要求;安全阀要便于现场拆装,由专业制造商生产;安全阀动作时,要无剧烈的振动和噪声;事故低油压的整定值要符合设计要求,其动作偏差不大于整定值的±2%;压力油泵及漏油泵启动和停止动作要正确可靠,不要有反转现象。

4.《泵站技术管理规程》(GB/T 30948—2021)对油系统有如下要求。

(1) 定期对装置进行检查、维护和保养。管道连接应密封良好,无渗漏;定期对压力管道及伸缩器(节)的变形、锈蚀、位移和渗漏等情况进行检查和处理;定期进行防腐处理。

(2) 安排巡检人员对没有报警系统的部位进行定期巡检排查。

(3) 对设备质量与安装质量进行严格把控。

(4) 油、气、水系统中的安全装置、自动装置及压力继电器等应定期检验,动作可靠,控制设定值符合安全运行要求。

(5) 压力油系统和润滑油系统应符合:油质、油温、油压、油量等符合要求,并定期检查;定期清洗油系统中的设备,保持油管畅通和密封良好,无渗漏油现象;油压管路上的阀件密封严密,在所有阀门全部关闭的情况下,液压装置、储气罐在额定压力下 8 h 内压力下降值不超过 0.15 MPa。

(二) 液压减载装置漏油

1. 液压减载装置应及时更新,防止使用淘汰产品而造成故障。增加自动控制和自动监测设备。

2. 液压减载装置在实际运行和维护时应做好以下几点。

(1) 电机启动前,先投入液压减载装置,维持时间约 5 min,使主机推力瓦与镜板之间充满润滑油,油膜充分形成后方可开机,待机组运行稳定后将液压减载装置退出。

(2) 机组顶升测试表明在 2.5 MPa 压力时,可以满足油膜厚度要求。建议在液压减载装置运行时压力控制在 2.5~3.0 MPa,这样不会使元件受压力冲击太大,也可以减小压力过大造成渗漏油的风险。

(3) 主机运行时,为了防止液压减载装置切除后,推力瓦与镜板间的润滑油在载荷的作用下从油道挤出,油膜遭到破坏,故在每块推力瓦的进油管上安装了单向阀,故应经常检查该单向阀,防止运行时油膜破坏造成烧瓦故障。

(4) 如果有条件时增加 PLC 模拟量采集模块,将现场各推力瓦压力数据上传至上位机进行实时监测。

3. 定期对电机绝缘、密封进行检查,保证设备的安装质量符合规范,保证产品的更新换代。

第五章

泵站金属结构

第一节　拦污栅故障及排除方法

一、拦污栅简介

为拦截水面漂浮物及水中污物,保证泵站安全运行,通常应在泵站进水侧设置拦污栅,并配清污设备,但要避免拦污栅过分靠近进水口,对进水流态、水泵性能,特别是对水泵气蚀的产生过大的不利影响。

拦污栅通常由底板、栅墩、工作桥等钢筋混凝土建筑物和钢制栅体及预埋件组成。对大中型离心泵站、混流泵站和轴流泵站,因流量较大,最好将拦污栅设在远离泵房、断面开阔、流速较小的引水渠内。

二、拦污栅故障排除方法实例

(一) 拦污栅堵塞

1. 故障现象
(1) 栅条锈蚀,壁上长满水生贝类,污物较多,导致拦污栅过流面积减小。
(2) 栅前后水位落差过大,导致泵站扬程增加,影响机组安全高效运行。

2. 原因
(1) 河道污物过多,缺乏清污工具或者清污能力不足。
(2) 栅条设计不合理,如间距取值过小。

3. 解决方法
(1) 栅体更新。更换拦污栅栅体。
(2) 加设清污机,如回转式清污机,及时清理污物。

(二) 拦污栅变形断裂

1. 故障现象
水流中大尺度的污物(如树根)过多,导致栅体变形,造成栅体断裂。

2. 原因

(1) 河道污物过多,缺乏清污工具或者清污能力不足。
(2) 栅条设计不合理,如栅条过细、材料强度不足等。

3. 解决方法

(1) 栅体更新。更换强度更高的材质,并适当加大栅条宽度。
(2) 加设清污机,如回转式清污机,及时清理大尺度污物。

三、拦污栅典型故障案例分析

国内某大型泵站,每年河道中大量水草、秸秆、生活生产废弃物在泵站进水流道进口的拦污栅前形成堵塞,拦污栅受压变形严重,水泵吸程增大,机组发生强烈振动,能耗增加,流量减小,需要经常停机捞污。据统计,某年间因捞污停机 25 台次,少抽水 4 333 万 m^3,其间还需抢修拦污栅。

由于河道污物过多,并且该站早年未设置清污机,加之河流流速过快,拦污栅栅条极易被撞击变形。污物过多时,栅前栅后水位落差较大,严重时可高达 1.2 m,导致水泵扬程明显增加,机组偏工况运行,水泵机组发生明显振动及噪音。

该站更新改造后,在引渠来流处加设了回转式清污机,能有效清除前池河道中的明显污物,使水流平顺流向流道及叶轮室,机组平稳运行。

四、拦污栅故障预防措施

(一) 拦污栅堵塞

1. 根据泵站机组要求,适当加大栅体间距,增大过流面积。
2. 采用回转式清污机,对栅前污物进行清理。

(二) 拦污栅变形断裂

1. 栅体材质选用强度较高的材质,也可适当加宽栅体尺寸。
2. 采用回转式清污机,及时清理栅前大尺寸的污物。

第二节 清污机故障及排除方法

一、清污机简介

为拦截水面漂浮物及水中污物,以保证泵站安全运行,通常应在泵站进水侧设置拦污栅,并配清污设备。清污机是主要用于打捞河中水草、漂浮物等以实现水泵进水通畅的装置。清污机按其打捞杂物的方式可分为耙斗式和回转式两种。

耙斗式清污机(图 5-1)主要由耙斗装置、行车导轨、移动车、电机减速驱动等装置组成。耙斗式清污机对污物和环境适应性强、高效、节能、操作运转灵活可靠。适合过栅流速较高的深孔式取水口泵站或水电站。

回转式清污机(图 5-2)主要由清污机架、回转齿耙、提升链、栅体、电机减速驱动等装置组成。回转式清污机具有结构紧凑、安装简便、自动化程度高等优点,适合大型泵站。

图 5-1　耙斗式清污机　　　　　　图 5-2　回转式清污机

二、清污机故障排除方法实例

（一）回转式清污机故障

由于回转式清污机能连续大量清污,且清污量大,特别是在夏季水草爆发式增长期间,其优点能够得到充分发挥。目前已广泛应用于大中型泵站,仅江苏省就有 60 多座泵站配置了回转式清污机,为泵站安全高效运行发挥了重要作用。

1. 故障现象

（1）牵引链条脱轨。
（2）齿耙和耙齿损坏。
（3）清污机齿耙卡塞。
（4）出现清污死角。
（5）安全销剪断。
（6）驱动电机故障。

2. 原因

（1）常规回转式清污机牵引链条在轨道内无侧向限位,仅靠齿耙侧板作为防止链条滑出轨道的限位。
（2）当栅前集聚污物（水草、树根等）过多时,捞污瞬时拉扯力容易造成清污机超负荷,损坏齿耙和耙齿。
（3）清污机齿耙为圆钢管齿耙管上焊接三角形耙齿,圆形齿耙管与栅条之间的容污空间自上而下由大变小,容易造成污物卡堵。
（4）清污机侧边轨道与孔口侧墩之间存在清污死角,污物堆积于清污机侧面,无法清除。
（5）河道流速过快,水中杂物较多,超过驱动电机的最大牵引力,剪断销由于应力过大而被剪断。
（6）机组超工况运行,致使清污机承受压力过大,而电机、减速器等功率过小,易导致驱动电机发生故障。

3. 解决方法

（1）更换或维修损坏部件,并且及时清理杂物。
（2）增加关键部件的强度,选用配套功率合适的电机。
（3）改善上下游水质环境,减少河道内的垃圾、淤泥、漂浮物等,减少水体富营养化产生的水草。
（4）对清污机链条、传送皮带等容易发生故障的部位加大巡检力度。

(二) 耙斗式清污机故障

耙斗式清污机具有单个工作周期较长、单位清污量大、清污效率高等优点。与回转式清污机的一孔一机布置和连续清污不同，耙斗式清污机是通过行走机构，行走于各个孔口之间，通过起升机构操纵耙斗的升降及开合机构操纵耙斗的开合，从而完成一次清污动作，为间歇式清污。

1. 故障现象

(1) 耙斗开闭机构无法正常启闭。
(2) 翻板机构无法打开。
(3) 行走机构和耙斗起升机构突然停机。
(4) 污物抓取和卸载出现故障。
(5) 控制系统出现故障。

2. 原因

(1) 耙斗开闭机构在操作当中经常遇到这两种情况：一是在运行过程中，耙斗在打开时，螺旋杆顶至端顶，与螺母脱开，导致耙斗既不能开也不能关；二是耙斗在抓满垃圾时由于垃圾中含有树枝或竹枝，把耙斗撑住，而耙斗的自重不足以克服垃圾的撑力，导致耙斗不能关闭，致使垃圾往上行时自行掉落，达不到清污目的。

(2) 耙斗式清污机在清污过程中经常出现耙斗抓取较多的垃圾污物，但是翻板开闭机构无法打开的情况，出现该状况是由于耙斗打开泄污时树木、竹枝砸到翻板的限位开关，导致翻板电动推杆限位动作或断路。

(3) 机构电机采用串级调速方式，设备柜内的电气元件布置不合理，维护检修不方便，尤其是在汛期连续清污工作时，柜内的电气元件发热严重，点击触发模块受热致使触发角发生变化，导致清污机行走和耙斗起升运行时出现突然停机情况。

(4) 耙斗自重小，随着污物增多及种类变化，耙斗不能较好地清理污物，尤其是水草漂浮在水面、积聚多时，耙斗不能下沉打捞污物。由于耙斗式清污机工作的线性原理，清污机上部缺少有效的卸污翻转装置，污物到达顶部后，部分污物难以落到皮带机上，而是重新滑落至栅前水面上。

(5) 当自动化控制系统出现故障时，会与清污机 PLC 中断，不适应工程的运行管理。

3. 解决方法

(1) 更换或维修损坏部件，并且及时清理杂物。
(2) 增加关键部件的强度，选用配套功率合适的电机。
(3) 改善上下游水质环境，减少河道内的垃圾、淤泥、漂浮物等，减少因水体富营养化产生的水草。
(4) 经技术考证后，可更新为回转式清污机。

三、清污机典型故障案例分析

通过调查国内某大型泵站回转式清污机的使用情况，发现清污机在运行过程中仍存在如下问题。

(1) 常规回转式拦污清污机齿耙在拦污栅正面捞起污物后通过两侧回转牵引链条的牵引向上运动，在拦污栅顶部卸载污物，在拦污栅背面向下作回转运动。牵引链条在轨道内无侧向限位，仅靠齿耙侧板作为防止链条滑出轨道的限位。栅前拦截污物不对称造成齿耙受力不均，发生侧移，侧板偏向一边，轻则碰擦轨道，重则齿耙会卡阻在轨道内，致使链条无限位控制，容易脱轨。

(2) 当栅前集聚污物（水草、树根等）过多时，捞污瞬时拉扯力容易造成清污机超负荷，损坏齿耙和耙齿。

(3) 清污机齿耙为圆钢管齿耙管上焊接三角形耙齿，耙齿管同时受到承载污物和链条牵引的作用，圆形齿耙管与栅条之间的容污空间自上而下由大变小，容易造成污物卡堵。

（4）拦污栅栅体为整体框架，发生部分损坏后须整体吊出栅体检修，吊装起重力大，泵站现场难以满足要求，检修维护费用高、周期长。

（5）清污机侧边轨道与孔口侧墩之间存在清污死角，污物堆积于清污机侧面，无法清除。主拦污栅底部采用直立前置栅，底部较大范围齿耙无法到达，无法清污，易堵塞，部分污物极易从下部漏走进入水泵，引起堵塞。常规回转式拦污清污机由于栅体底部前置栅处、两孔隔墩和拦污栅边梁处污物无法清除、栅面污物清除不干净，造成拦污栅前后形成 0.5~1.0 m 的水位差，增加了水泵机组运行功率，减小了抽水流量。

（6）回转式清污机在工作时，由于河道进水断面过窄，流速过快，加上水中杂物较多，超过驱动电机的最大牵引力或者超过齿耙的最大承载力，剪断销由于应力过大而被剪断。

（7）由于清污机运行时间过长，特殊时期超工况运行致清污机承受压力过大，电机、减速器等功率过小，易导致驱动电机发生故障。

清污机故障有设计、环境和运行管理等三方面的主要原因。设计方面，由于该站建站较早，河道设计宽度不合理，导致河道进水断面过窄，流速过快，清污机结构存在设计缺陷。环境方面，该站下游河道中水草量巨大，大量水草等漂浮物拥堵在拦污栅前，清污机运行时负载巨大。运行管理方面，该站年运行时间长，设备老化、机械磨损和变形严重。

故障发生后，更换或维修损坏部件并且及时清理杂物，增大关键部件的强度，配套功率合适的电机，消除部分部件的设计缺陷；改善上下游水质环境，减少河道内的垃圾、淤泥、漂浮物等，减少水体富营养化产生的水草；对清污机链条、拦污栅、传送皮带等容易发生故障的部位加大巡检力度。在经过维修后，一段时间内该站清污机总体运行良好。

四、清污机故障预防措施

（一）回转式清污机故障

1. 今后设计方面应注意以下几点。

（1）更换或改进有设计缺陷的部件。

（2）依据《泵站设计标准》(GB 50265—2022)规定，格栅栅条净距应根据水泵型号和运行工况决定，但最小净距不得小于 50 mm，在满足保护水泵机组的前提下，栅条净距可适当加大。

（3）依据《水工金属结构防腐蚀规范》(SL 105—2007)规定，对格栅栅体进行防腐、防锈处理，有条件的情况下尽量选用不锈钢材质。

（4）应设置机械、电气过载双重保护装置。

（5）对于水草较多的河网地区，河道设计不仅要满足规范要求，还要根据水草量留有适当裕量。

（6）拦污栅栅体采用分体结构设计。将若干栅条单独组成一组栅条架，单孔拦污栅由若干片(2~3 片)栅条架并列组成。栅条架与栅体框架通过螺栓连接，有别于常规拦污栅直接将栅条焊接固定于栅体框架上。应用时，如果某片栅条架损坏，仅需拆装维修该片栅条架，减轻起吊质量、减少维修工作量，并且预先准备好备用分片栅条架，某片栅条架损坏时，可以在很短时间内更换新栅条架，节省了检修费用和时间。

2. 今后的运行维护中应该注意以下几点：

（1）若发现清污机前有如树根一类个头大、重量重的杂物，应及时下水清理，防止链条被拽断；

（2）依据《泵站技术管理规程》(GB/T 30948—2021)规定，定期清理拦污栅前的污物，并按环保的要求进行处理；

（3）依据《泵站技术管理规程》(GB/T 30948—2021)规定，需加大对清污机链条、安全剪断销、齿耙、拦污栅、传送皮带等容易发生故障部位的巡检力度，定期检查拦污栅有无严重锈蚀、变形、栅条缺失；

(4) 定期巡检电气设备,加强驱动电机的维护,检查清污机及皮带输送装置是否正常工作;

(5) 对杂草、杂物来量大的泵站,必要时建议补设清污船、长臂挖掘机、拦污浮排等设备。

(二) 耙斗式清污机故障

1. 可以考虑在翻板限位开关处添加保护罩。在开关上加保护罩不但能起到保护装置的作用,也能有效防止误触。

2. 目前,大部分泵站的耙斗式清污机运行时间较长,再加上环境潮湿,线路老化等原因,十分容易导致电气故障。针对清污机的实际情况,建议更换所有老化的控制电缆和控制柜内的电气元件,并根据耙斗开闭机构的工作情况,建议将机械式推杆改成液压式推杆。

3. 对于耙斗式清污机螺母和螺杆脱开的问题,完全是因为操作电机关闭提前量不够,所以在操作电机时,可将电机行程限位开关设置为提前。

4. 为了防止耙斗自重受限不能闭合,可对耙斗外施加一个外力,如加装压缩弹簧装置,加强闭合力量。

第三节 闸门故障及排除方法

一、闸门简介

闸门(图 5-3)是水工建筑物的重要组成部分之一,它的作用是封闭水工建筑物的孔口,并能够按需要全部或局部开放这些孔口,调节上下游水位,放运船只、木排、竹筏,排除沉沙、冰块以及其他漂浮物。

图 5-3 闸门

闸门的组成部分包括:活动部分(门叶)、埋设部分(埋置在土建结构内的构件)以及启闭设备(控制门叶在孔口中位置的操纵机构)。

二、闸门故障排除方法实例

（一）闸门油缸杆损坏

1. 故障现象

闸门液压启闭机的油缸杆弯曲，并且底座混凝土破裂，导致闸门无法开启。

2. 原因

为防止误打开闸门而淹没厂房，事故闸门和工作闸门启闭机油缸进油、回油高压球阀常闭。故障发生日室外温度 28 ℃，无杆腔油缸内的液压油升温膨胀，形成向下压力，致使事故闸门和工作闸门启闭机液压杆顶弯，启闭机油缸底座反向受力过大致使预埋螺杆起身、混凝土破裂。

3. 解决方法

启闭机回厂维修，更换油缸杆，并对启闭机底座混凝土进行重新浇筑。

（二）闸门无法开启

1. 故障现象

运行人员操作启门过程中，发现闸门在额定压力下无法开启。

2. 原因

闸门底部主梁上下表面的压差过大，形成向下的力，导致闸门启门力增大。

3. 解决方法

采取加大闸门底部横梁排水孔面积的处理措施。

（三）闸门开度仪故障

1. 故障现象

（1）事故门及工作门的开度仪数值显示异常。

（2）工作门因开度仪故障，无法正常启闭。

（3）工作门固定杆断裂，并且开度仪数值显示为负。

（4）闸门全关位置左右开度不为零，最大偏差超过 10 cm，数据跳动无规律。

2. 原因

（1）静磁栅位移传感器密封性差，渗水造成主板短路。

（2）闸门开度仪传感器附件上的漂浮物影响传感器的感应。

（3）固定杆质量缺陷，被水流冲向外侧，使得钢丝绳无法向外拉伸。

（4）闸门开度仪存在设计缺陷，水下部分极易失效，且 PLC 系统与其不兼容。

3. 解决方法

（1）将静磁栅位移传感器更换成徐州淮海电子传感工程研究所生产的 AVM58 码盘式传感器。

（2）及时清洗开度仪钢丝绳、传感器附件的杂物。

（3）更换质量更高的固定杆。

（4）将原开度仪更换为徐州淮海电子传感工程研究所生产的 HLW-I 收绳式传感器及 ZWY-4J 开度测控仪。

（四）闸门下滑

1. 故障现象

（1）工作门存在下滑现象。

(2) 活塞杆与油缸头部位置存在漏油现象。
(3) 活塞杆表面镀层存在局部脱落现象。

2. 原因

活塞杆长期浸在水中,积垢严重,活塞杆表面镀层局部脱落,致使启闭时密封圈损坏,渗油严重。

3. 解决方法

对活塞杆进行除垢,将部分表面镀层存在局部脱落现象的活塞杆回厂进行重新处理,并更换密封圈。

(五) 闸门无法自动升起

1. 故障现象

工作闸门下落后不能自动复位。

2. 原因

(1) 闸门一侧开度仪拉绳开断,导致闸门开度检测超差;PLC控制程序出错,不能自动恢复闸门开度。
(2) 开度仪内部收绳装置损坏,影响了开度仪可靠工作。

3. 解决方法

联系厂家修复闸门开度仪,并调整闸门开度仪内置两侧高度数值。

(六) 闸门开启卡阻

1. 故障现象

(1) 在闸门提升过程中,容易卡阻。
(2) 液压缸密封损坏。

2. 原因

(1) 快速闸门液压杆长期浸泡在水中,容易形成污垢。
(2) 回油管过滤器堵死,回油不畅。

3. 解决方法

更换液压缸密封圈,清理液压杆污垢,每周调试液压闸门。

三、闸门典型故障案例分析

国内某大型泵站建成十多年来,为我国调水工程发挥了巨大的工程效益、经济效益和社会效益,但由于节制闸使用频繁,在运行中曾出现系统失压、油缸不同步达 25 mm 以上、活塞杆锈蚀和镀层剥落、启门力不足等问题。尽管早年设备厂家更换了 6 根节制闸油缸活塞杆,并对活塞杆表面由镀铬改为喷涂陶瓷,同时增加了一套备用溢流阀组,但启门力不足的问题仍然突出。

该站节制闸门为典型的反向闸门,即面板位于下游侧,主梁位于上游侧,闸门迎水面带有加强筋。闸门采用实腹式三主梁登高联接形式,使用悬臂式主滚轮,选用 QPPYII-2×160(KN)液压启闭机。油缸内径 ϕ180,活塞杆径 ϕ90,启门速度 1.5 m/min,闭门速度 2.0 m/min,油缸工作压力为 9 MPa,系统调整压力为 11 MPa。考虑 3 扇工作闸门需同时开启,配 2 台套油泵机组,油泵型号 125SCY14—1B,配套电机额定功率 30 kW,采用配进口先导阀的插袋式阀组。油箱、管道材料采用 1Cr18Ni9 不锈钢。

2015 年 6 月 30 日,运行人员操作启门过程中,发现闸门在额定压力下无法开启。2018 年 8 月 31 日,运行人员对 3 号节制闸进行提门记录(表5-1)。发现当闸门开度在 1.4～1.8 m 时,1 号油缸现场压力高达 12.4 MPa,2 号油缸现场压力高达 11.5 MPa。

表 5-1 节制闸提门测试记录

序号	上游水位/m	下游水位/m	油泵选择 大	油泵选择 小	闸门开度/mm 左	闸门开度/mm 右	系统压力/MPa	油箱压力/MPa	现场压力/MPa 1号油缸	现场压力/MPa 2号油缸
1	31.44	26.60		√	606	592	10.7	11.0	9.0	10.0
2	31.43	26.62	√		223	212	11.8	12.0	9.0	9.0
3	31.41	26.64	√		446	427	11.9	12.1	9.0	10.0
4	31.41	26.64	√		614	594	12	12.2	11.0	10.0
5	31.40	26.65	√		823	805	12.2	12.4	11.5	10.5
6	31.40	26.65	√		1 016	999	12.2	12.4	12.0	11.0
7	31.39	26.65	√		1 221	1 206	12.2	12.4	12.2	11.5
8	31.39	26.65	√		1 421	1 404	12.3	12.4	12.4	11.5
9	31.39	26.65	√		1 614	1 596	12.3	12.5	12.4	11.5
10	31.38	26.68	√		1 825	1 808	12.2	12.5	12.4	11.5
11	31.38	26.68	√		2 021	2 007	12.1	12.3	11.6	11.0
12	31.38	26.68	√		2 232	2 219	12.1	12.3	11.6	10.5
13	31.38	26.68	√		2 545	2 531	12.0	12.2	10.6	10.0

针对该站闸门启门力不足的问题,根据闸站特征水位组合与设计资料,在建立闸孔过流流动数值分析数学模型的基础上(闸门三维模型如图 5-4 所示),利用计算流体动力学(CFD),开展不同特征水位组合与闸门不同开度情况下的数值模拟,探究了启门力过高的原因。

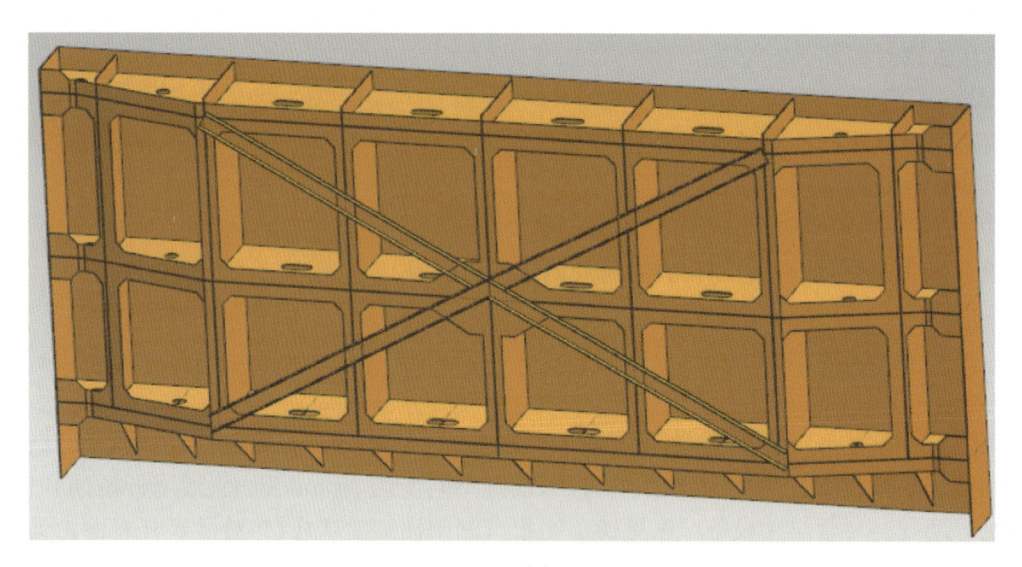

图 5-4 闸门三维模型

经 CFD 计算,闸门启闭力计算结果列于表 5-2 中。由表可知,启门力在开高为 0.7 m 及 1.65 m 时较高,尤其是 1.65 m 时达到最大。影响启门力的各个分力中,显然水流垂直作用力占比最大,是主要影响因素。

表 5-2 闸门启门力 CFD 计算结果

开高/m	重力/10^4N	水流垂直作用力/10^4N	门槽摩擦力/10^4N	启门力/10^4N
0.70	18.62	12.10	1.37	32.09
1.65	18.62	12.76	1.30	32.68
1.84	18.62	11.48	1.12	31.22

续表

开高/m	重力/10^4N	水流垂直作用力/10^4N	门槽摩擦力/10^4N	启门力/10^4N
2.05	18.62	12.06	0.96	31.64
2.26	18.62	11.00	0.85	30.47

经进一步分析可知,闸门底部主梁上下表面的压差是导致启门力增大和出现异常规律的根本原因。

经 CFD 计算,底部主梁压差形成的垂直作用力在不同开高时保持在 $5.5×10^4 \sim 6.8×10^4$N,由表 5-2 可知,总垂直作用力为 $11×10^4 \sim 12.76×10^4$N,则底部主梁产生的垂直作用力占总垂直作用力的 50% 左右,进一步说明降低启门力的核心在于减小或消除底部主梁上下表面的压差。

因此,应采取加大闸门底部横梁排水孔面积的处理措施。经 CFD 计算,发现加大排水孔面积,启闭门垂直作用力可下降 $3.25×10^4$N。

四、闸门故障预防措施

(一)闸门油缸杆损坏

1. 检修时启闭机油缸回油阀的关闭应谨慎。
2. 当必须关闭启闭机油缸回油阀时应防止环境温度变化形成反压造成启闭机的损坏。

(二)闸门无法开启

1. 对于垂直提升式平面闸门的设计,当其需具备方向挡水的功能时,必须在底部横梁加设排水孔,以减少闸门启闭力。
2. 排水孔的面积不宜过小,否则水流对闸门的垂直作用力依旧较大;排水孔的面积也不宜过大,需满足闸门强度要求。
3. 排水孔的面积可借助 CFD 方法对其进行水力优化设计。

(三)闸门开度仪故障

1. 泵站闸门开度仪应选取设计合理、质量可靠的产品,比如徐州淮海电子传感工程研究所生产的 HLW-I 收绳式传感器、AVM58 码盘式传感器等设备。
2. 在柳絮飘飞的季节应及时检查和清除闸门开度仪传感器附件上的柳絮等。

(四)闸门下滑

定期检查活塞杆水下状态,并及时清理表面污垢。

(五)闸门无法自动升起

定期检查闸门两侧开度仪状态。

(六)闸门开启卡阻

定期检查并更换液压缸的密封圈。

第四节 液压启闭机故障及排除方法

一、液压启闭机简介

启闭机广泛应用于给排水及水利水电等工程,主要控制各类闸门的升降,通常分为螺杆式启闭机、卷扬式启闭机、液压启闭机等。大型泵站多采用液压启闭机控制闸门启闭。

二、液压启闭机故障排除方法实例

(一)液压启闭机油路漏油

1. 故障现象
水泵机组运行过程中,液压启闭机油路渗漏,导致机组停机。
2. 原因
室外管路密封不好,密封圈压损变形。
3. 解决方法
更换密封圈,液压启闭机油路无漏油。

(二)液压启闭机自锁失灵

1. 故障现象
启闭机不能实现自动锁定,造成跌落,影响运行效率和运行安全。
2. 原因
(1)液压油在循环工作过程中,采用的液压油只经过一次性过滤,其净化程度不能满足液压控制阀件的技术要求。
(2)液压系统采用的油泵是20世纪70年代生产的柱塞式油泵,为淘汰产品。
(3)管路设计不合理,导致油缸密封冲坏时油缸上腔也充满液压油,所以在启门过程中,会使平衡空气阀放油。
3. 解决方法
(1)两台柱塞泵更换为目前国内较优质的启东高压油泵厂生产的高压手动变量柱塞泵250SCY-Y280M-655kW。
(2)为防止缸内进气造成锈蚀和保证系统工作可靠,改造设计了高位油箱,并布置于中央控制室的屋顶。

三、液压启闭机典型故障案例分析

(一)液压启闭机自锁失灵

某站启闭机为20世纪70年代武进水利机械厂第一代试制产品,受历史条件、技术水平、工艺水平的限制,油缸内壁加工粗糙,甚至局部没有进行加工,油缸密封圈耐油、耐磨和耐高温性能差,致使在动作过程中,密封件极易损坏,活塞大量漏油,严重时甚至不能动作。同时下油封漏油,也造成活塞杆往复运动将水分和杂质带进了油缸,导致液压油乳化,沉积物增多,进一步引起阀件锈蚀、堵塞,直至系统失灵。启闭机不能实现自动锁定,造成跌落,影响运行效率和运行安全。在实际运行中,有时为了防止闸门继续跌落,现场采用钢丝绳、钢支墩等方式进行机械锁定,但若在紧急停机状态下,这种锁定机构无法被及时拆除,就会导致叶轮飞逸倒转,造成重大故障。

1)原因分析

(1)原设计的液压油在回油箱与净油箱之间仅依靠压力滤油机负责净化,由于液压控制阀件加工精度差,运行条件要求高,液压油在循环工作过程中,只采用压力滤油机一次性过滤,液压油的净化程度不能满足液压控制阀件的技术要求。液压油在含杂质和水分的情况下运行,造成液压油的恶性循环,油质乳化,使阀组阀芯锈蚀、堵塞,阀件失去自动复位的功能,造成整个液压系统故障,危及安全运行。每年汛前维修过程中,经常有启门时阀件不动作的现象。

(2)液压系统采用的油泵是20世纪70年代产的柱塞式油泵,柱塞和滑靴的铆合经常松动,油泵噪音大,传动轴磨损严重,弹簧芯轴磨损加大,漏油量增大;阀组精度低,启动电磁阀按钮,电磁阀不动作,溢流阀线圈时常发生发烫或烧坏的现象;控制方式不合理,油管及阀组密封不严,漏油严重,有时一扇门阀件故障会影响其他机组的正常运行。

(3)管路设计不合理。原回油管及溢油管采用φ38无缝钢管,由于油缸密封已被冲坏,油缸上腔同样也充满液压油,所以在启门过程中,顶部溢油母管来不及排油,迫使母管上的平衡空气阀放油,形成"空中下油雨"的状况,不仅增加了运行费用,而且还会污染水源和环境。

2)处理措施

(1)两台柱塞泵更新为启东高压油泵厂生产的高压手动变量柱塞泵250SCY-Y280M-655kW。与其他同类泵相比,该泵具有吸入性好、噪音低、流量和特性稳定、使用寿命长等优点。所有先导控制阀件和溢流阀件均选用美国Parker公司产品,电液换向阀采用直流湿式,控制电压为DC220 V,电磁阀的最低无故障工作寿命为10万次。在回油箱与净油箱之间增设真空加热滤油装置TYA-50,有效除去油中水分,效率达50 L/min,液压油的净化程度满足液压控制阀件的技术要求。

(2)原启闭机上腔溢油母管上采用的是空气单向阀,快速门关闭时,阀进气,利用闸门自重快速关闭。为防止缸内进气造成锈蚀并保证系统工作可靠,此次改造设计了高位油箱,两只4 m³不锈钢油箱布置于中央控制室的屋顶。采用φ108不锈钢管母管,φ70不锈钢支管与36套启闭机上腔相连,保证启闭机上腔无论是开启或关闭闸门时均充满无压油。

四、液压启闭机故障预防措施

(一)液压启闭机油路漏油

增加巡视和维护,及时更换液压启闭机室外管路密封圈。

(二)液压启闭机自锁失灵

设备应选用质量较好的产品。优化液压机结构设计,确保启闭机的上腔在开启或关闭闸门时均充满无压油。

第六章

泵站自动化系统

泵站自动化系统分为计算机监控系统和视频监视系统。

第一节　计算机监控系统故障及排除方法

一、计算机监控系统简介

泵站自动化系统主要服务于工程管理，具备自动监控和测量功能，其主要的工作任务就是采集泵站工程相关数据、分析数据、传输数据并存储各种工程信息等。自动化系统的应用在很大程度上提高了泵站管理的信息获取速度和信息处理效率，为有效决策和信息预报提供了准确高效的基础资料。泵站自动化系统是在常规电气二次和仪表采集设备的基础上构建的，将泵站的二次设备（包括控制、信号、测量、保护、自动装置）利用计算机技术经过功能的重新组合和优化设计，充分发挥自动或智能控制的作用、提高泵站自动化水平、提高泵站主体设备的可靠性、减少泵站二次系统连接线，对泵站进行自动监视、测量、控制和协调的综合性的自动化系统，泵站自动化系统结构范例如图6-1。

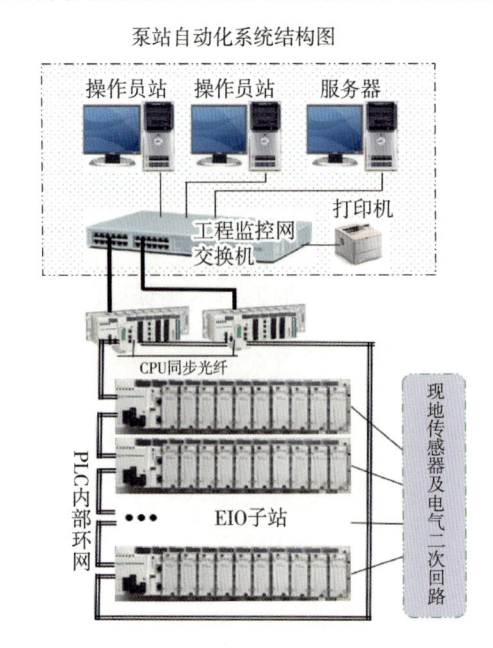

图 6-1　泵站自动化系统结构图

二、计算机监控系统故障排除方法实例

1. 硬件故障

这类故障主要指系统设备中硬件设备损坏造成的故障,如服务器、通讯数据板、PLC模块、网络设备等,这类故障一般比较明显,主要是使用不当或设备工作年限较长,模块内元件老化所致。例如服务器出现的故障可采用故障排除法进行检测与查找,如先更换服务器的电源、风扇以及相关的板件等,若更换这些部件后设备能够正常运转,则可排除其他方面出现故障。硬件故障一般有以下几个方面。

(1) 系统硬件故障。可能产生的原因是元器件质量不好、使用条件不当、调整不当、错误的接线引入不正确电压而形成的过流断路等;有时是由于现场环境的因素,如温度、湿度、灰尘、振动、冲击、鼠害等;背板总线出现故障,会致机架上某个或某些槽位功能失效,如:一个16槽底板的远程站,I/O模块插入某个槽位后,始终不能激活运行指示,更换槽位后正常,最终确认是由于该槽位背板总线异常。

(2) 线路故障。产生的原因有电缆导线端子、插头损坏或松动造成接触不良,或因接线错误、调试中临时接线、折线或跨接线不当,或因外界腐蚀损坏等。

(3) 电源故障。产生的原因有供电线路事故、线路负载不匹配引起系统或局部的电源消失,或电压波动幅度超限,或某元件损坏,或误操作等。

2. 软件故障

软件故障主要是软件本身所包含的错误引起的。软件故障又分为系统软件故障和应用软件故障。系统软件主要指操作系统软件,目前自动化系统中使用的Windows操作系统本身属于多任务系统,在执行中,一旦条件满足就会引发故障,造成停机或死机等现象;应用软件大多是自动化系统专用软件,在实际工程应用中,由于应用软件工作复杂,工作量大,因此应用软件错误难以避免,这就要求在系统调试及试运行中要十分认真、仔细,及时发现问题并解决。还有故障是计算机病毒导致的,发现病毒时应立即断网,再进行处理。软件故障一般有以下几个方面。

(1) 程序错误。设计、编程和操作都可能出现程序错误,特别是联锁、顺控软件,不少问题是由于调试不充分或工艺过程对控制的要求未被满足而引起的。

(2) 组态错误。设计和输入组态数据时发生错误,可以通过调出组态数据显示进行检查和修改,修正错误。

3. 通信传输故障

自动化系统的通信功能越来越强大,现场总线、工业以太网等被普遍应用,通过分层、分布架构提升了自动化系统的应用深度,在自动化系统中进行的信息传递主要是通过信号交换来完成的,因此,通信信号在信息传输中所起的作用无疑是极其重要的。而对无形的信号的检测则必须在专业检测工具的协助下才能完成,但对于瞬发性的通信故障检测处理仍没有很好的方法。通信系统是由传输部分和接入部分等构成,若通信系统发现故障,可经指示信号做出判断;若模块发现故障,可通过模块化方式进行替换。

4. 干扰故障

有些自动化系统应用场合环境比较恶劣,温差大、粉尘多、振动频繁、电磁干扰强,按照普通的设计方案,可能导致自动化系统运行过程中出现多种不稳定现象。

5. 设计故障

自动化系统中电源模块容量、CPU内存、通信通道数、I/O数量、I/O站数量、I/O站可配置模块数、I/O站输入输出字数、通信距离等在系统运行中都存在限制条件,如果设计不完善,往往会出现系统异常故障。

三、计算机监控系统典型故障案例分析

江苏省内南水北调泵站全线投运已近10年,泵站自动化系统经历了前期使用、中期改造、后期深化应用的过程。目前泵站自动化系统故障收集整理分析及故障处理修复都积累了大量的经验。

(一) 硬件设备故障排查

自动化系统由现地级设备、站控级设备和远控级设备组成。

现地级设备:设置1套热备PLC控制单元,由2块冗余型CPU、2块光电转换模块、开关电源、电源模块组成,作为全站的控制中心。

站控级设备包括监控工作站(2台监控主机互为热备)、服务器以及交换机等设备。站控级设于泵站控制室内,通过网络将泵站、节制闸实时运行信息与数据(如运行参数、状态、水位曲线、流量等)上传至管理级。站控级与现地LCU控制单元以及保护单元采用以太网方式连接,与直流、智能仪表等装置通过通讯管理机转换采用以太网方式相连。现地级是系统最后一级也是最优先的一级控制,向下接收各类传感器与执行机构的输入输出信息、采集设备运行参数和状态信号;向上接收上级控制主机的监测监控命令,并上传现场的实时信息,实施对现场执行机构的逻辑控制。当硬件设备突然出现故障不能工作,或者工作的顺序失常时,应立即进行故障排除。

1. PLC硬件故障排查,先检查CPU面板I/O灯是否亮。只有模拟量模块I/O指示灯亮时,进一步检查在用模块通道是否数据正常,如在用通道数据均正常可不做处理;如在用通道数据不正常,可以更换通道或更换模拟量模块;模拟量模块只要有一个通道未接电缆形成回路就会报I/O故障。检查如有开关量模块I/O灯亮起时,开关量模块损坏或DC24V电源丢失,则需要断电更换开关量模块。PLC "CPU Run"指示灯闪烁或不亮,用Unity Pro软件连接PLC,在线状态下启动PLC运行。

2. 服务器硬件故障排查。检查电源指示灯是否闪烁,硬盘指示灯不亮,表明电源供电正常,服务器未启动运行。按下电源开机启动,检查电源指示灯是否亮,插网线的网口指示灯是否亮。检查电源线连接是否紧固,检查供电情况。对应硬盘指灯为黄色或红色,部分服务器硬盘损坏后对应盘位指示灯会闪烁,应核对硬盘型号参数,更换硬盘。插网线的网口指示灯不亮,应检查网线、交换机对应网口等。

3. 工控机故障排查。检查电源指示灯、硬盘指示灯、插网线的网口指示灯是否均正常,显示器是否黑屏无显示。检查显示器与电脑的视频信号电缆连接是否牢固。正常运行时如突然出现蓝屏,应拍照记录,及时联系专业技术人员处理。插网线的网口指示灯不亮,应检查网线、交换机对应网口等。

4. 网络设备故障排查。由于外部供电不稳定,或者电源线路老化或雷击等原因导致电源毁坏或者风扇停滞,从而使网络设备不能正常工作。由于电源故障而导致交换机内部件毁坏的情况也经常发生。如果面板上的"POWER"指示灯是绿色的,就表示电源是正常的;如果该指示灯灭了,则表示交换机没有正常供电。一般可通过引入独立的电源,并添加稳压器来避免瞬间高压或低压。无论是光纤端口还是RJ-45端口,在插拔接头时必须要当心。如果不小心把光纤插头弄脏,可能导致光纤端口被污染而不能正常通信。如果购买的水晶头尺寸偏大,插入交换机时,也容易毁坏端口。如果接在端口上的双绞线有一段暴露在室外,万一这根电缆被雷电击中,就会导致所连交换机端口被击坏。遇到此类故障,可以在电源关闭后,用酒精棉球清洁端口。如果端口确定被毁坏,那就只能更换端口。交换机的各个模块都是接插在背板上的,如果环境潮湿,电路板受潮短路,或者元器件因高温、雷击等因素而受损都会造成电路板不能正常工作。通信网关指示灯全灭时,检查供电电压是否正常,电压正常时为网关损坏,如485通讯灯不亮,则检查485设备工作情况。

5. 传感器故障排查。水位计故障排查:如运行中没有信号输出,检查雷达水位计电源是否正常,保险丝是否熔断。示流器故障排查:水压不足、流速不够可能会导致热敏示流器不准,可以在静止状态下拧出示流器中间螺丝,用螺丝刀小号一字起拧到刚好亮一个红灯。浮球液位开关故障排查:廊道水位超限时浮球开关未动作,检查浮球是否没于水面下方,清理浮球滑动杆和浮球圆柱孔的杂物,检查电气回路是否工作正常。磁翻板液位计故障排查:翻板指示不连续,用磁铁进行校正,液位指示与实际不符,检查连杆浮球是否有卡阻。温度传感器故障排查:在机旁接线盒拆下电缆接线测量传感器阻值,查表得出对应温度值,如与本体实际温度对应,则为线路或 PLC 模块故障;如测量阻值与本体实际温度相差或测不到阻值,则为温度传感器损坏。

6. 励磁装置、油系统、水系统、气系统、示流器、流量开关等开关量信号故障排查。一般这些信号都是通过相关设备的接点与采集模版(如 PLC)相连,在运行的过程中由于所有的设备都是有电的,共用一个公共电源(如 DC24 V),因此用万用表调查相应的档位测量各接点两端的电压即可知道是否有信号传输。如果有电压差,说明接点是断开的,若没有信号,就要进一步查找断开点,查到后重新按要求接上即可;如果没有电压差,则说明信号接点是接通的,有信号传输。

7. 励磁装置、油系统、水系统、气系统、示流器、流量等变送器模拟量故障排查。变送器一般都是电流量传输(4~20 mA,0~20 mA 等),也有电压传输的(0~5 V,0~10 V 等),检查的步骤可以参照以下步骤进行。

(1) 检查变送器的工作电压是否正常,如果不正常,检查电源回路使之正常。

(2) 模拟量的检查,如果是电流型的模拟量,一般都是 DC24 V 电源,查看变送器输出设备端子上的电源是否正常,若不正常,检查处理 DC24 V 电源回路使之正常;DC24 V 电源正常的情况下,把万用表调到 mA 档,插好表笔线,测试电流的大小,改变要测量的外部信号的大小,电流是变化的,说明变送器输出正常,有信号输出,至于变送器输出是否正常,需要参照变送器的量程进行计算才能判断。

(二) 软件故障案例分析

自动化系统软件是由多种软件有机组合而成的一个完整系统,包括操作系统软件、集成监控软件、编程软件、数据库软件和通信软件等。软件故障较难检查,需要具备一定的技术能力人员才能准确快速找到故障原因。

1. 软件不成熟引起系统故障。此类故障多发生在新版本操作系统或应用软件上。如新硬件不支持老版 Windows 操作系统,必须更新到最新操作系统,同样应用软件也不要使用未经大量实践应用的新版软件。故障现象大多为监控界面突然退出或网络连接正常情况下通讯突然中断等。发生此类故障应及时联系应用软件生产商寻求技术支持,一般情况下采用加载补丁或更换应用软件版本等方式即可处理。

2. 通信网络故障排查。检查 RS485 通信网关以及 RS485 设备是否工作正常,应用 ModScan 和 USB 转 485 设备进行测试,根据测试结果进行下一步判断和处理。触摸屏与 PLC 通讯中断,表现为数据不刷新,通讯指示灯不闪烁,应检查网络电缆是否紧固、交换机是否工作正常。上位机与 PLC、励磁、叶调、冷水机组等设备通讯中断,表现为数据不刷新,SMC 中数据标为红色,应检查硬件设备是否工作正常、网络电缆是否紧固、交换机是否工作正常。

3. PLC 内部故障排查。利用 Unity 软件连接 PLC 在线查看内部报警或故障,按照具体提示信息进行相关处理。报警信息做好记录后,操作确认即可消除。故障信息影响 PLC 运行时,必须根据提示信息进行有效处理。

4. 上位机操作故障排查。检查 PLC 是否正常工作。PLC 是自动化系统运行中最核心的元器件。PLC 上电后,如果上位机不能正常操作,可观察其通信指示灯是否正常闪烁,如果通信指示灯熄灭,说明 PLC 没有与上位机通信,需检查通信口是否正常。一般 PLC 的 CPU 模块内安装有锂电池,如果锂电池电压不足,PLC 的故障指示灯会亮,也会导致 PLC 通信故障,也有的 PLC 在电池用尽后,会丢失 PLC 程序,导致通信错误,更换新电池后,需重新给 PLC 下载程序,即可恢复。检查直流操作电源。如果操作电源不能正常送到开关,将无法操作开关分合闸。自动化系统中,上位机手动分合闸是通过自动化柜中的中间继电器完成的,如果中间继电器供电的一对辅助触头接触不良,将会无法进行自动化操作,应检查中间继电器辅助触头。检查终端设备是否正常。设备现场就地手动操作,检查设备能否正常运行。

(三) 系统接线故障案例分析

系统接线因松动、错误而引起故障的案例较多,有时此类故障原因很难查明。此类故障虽与控制系统本身质量无关,但会直接影响机组的安全运行。

1. 接线松动引起。如主机组温度点显示不正确或时有时无,多为接线松动引起。如突然出现断路器分合闸操作指令下发后,设备不动作,在保证 LCU 柜继电器确定动作的前提下,可判断多为开关柜内二次接线松动引起。

2. 接线错误引起。某泵站在操作 2 号机组停机时,3 号机组工作门联动关门,经查为工作门 LCU 柜接线错误引起,更改接线后恢复正常。

第二节　视频监视系统故障及排除方法

一、视频监视系统简介

视频监视系统是安全防范系统的重要组成部分,具有摄像、传输、控制、显示、记录登记等功能。摄像机通过视频电缆将视频图像传输到控制主机,控制主机再将视频信号分配到各监视器及录像设备,同时可将需要保存的图像、语音信号同步录入到录像机内。通过控制主机,操作人员可发出指令,对云台的上、下、左、右的动作进行控制及对镜头进行调焦变倍的操作,并可通过控制主机实现在多路摄像机及云台之间的切换。利用特殊的录像处理模式,可对图像进行录入、回放、处理等操作,使录像效果达到最佳。

视频监视系统各组成部分:一般由前端、传输、控制及显示记录 4 个主要部分组成。前端部分包括一台或多台摄像机以及与之配套的镜头、云台、防护罩、解码驱动器等;传输部分包括电缆、光缆,以及可能的有线、无线信号调制解调设备等;控制部分主要包括视频切换器、云台镜头控制器、操作键盘、各类控制通信接口、电源和与之配套的控制台、监视器柜等;显示记录部分主要包括监视器、录像机、多画面分割器等。

(一) 故障分类

视频监视系统在运行中常常会出现不能正常运行、系统达不到设计要求的技术指标、整体性能和质量不理想等问题。有时也会出现一些"软毛病",不仅影响了使用效果,而且还对泵站运行的安全监视造成了很大影响。其故障主要包括硬件故障、软件故障和通信故障,其中,硬件故障占大多数,其次是通信故障,软件故障一般较少。

(二) 故障排查方法

视频监视系统故障排查类似自动化系统排查,主要有以下几个方面。

1. 了解情况。主要了解最近是否有人在施工,如供电、光纤、网络等的改动;向监控运行人员询问故障情况,如发生的时间、出现的频率、故障现象等情况,目的是快速定位问题和缩小故障范围。

2. 外观检查。主要对安装位置的一些影响设备正常运行的环境因素,比如漏水、潮湿、外部供电、光纤是否受损、设备是否进水、有无明显的烧毁痕迹等进行检查,初步确定故障原因。

3. 设备初查。打开设备或设备箱,如果打开就能明显感觉到 PCB 版散发出的异味,应立即切断电源,再做进一步排查。

4. 设备细查。如触摸设备推测温度,查看电源供电是否正常、线缆和光缆是否脱落、光功率是否在正常范围内等。另外,通过同类设备的替换查找定位,同时通过供电、线缆、光缆的倒换判断问题,初步缩小故障范围,然后从面、线、点逐步定位,查出故障所在,及时排除。

二、视频监视系统故障排除方法实例

1. 硬件故障

（1）视频监控点无信号

使用"win+r"键输入"cmd"点击"确定",在弹出的窗口中输入"ping IP 地址"查看是否能通。如通,将码率调低并重启客户端;如不通,检查监控所对应的网线指示灯闪烁是否正常,如闪烁不正常应重新插拔网口或换个网口。若仍然不正常则检查电源,将监控电源断电重启,球机开机会自检转动,枪机红外灯会亮。如果自检正常,应联系厂家;如果自检不正常,用万用表测量摄像头端电源,电源正常说明摄像头已坏,电源不正常应检查电源。

（2）硬盘录像机"滴滴滴"响

可能是硬盘问题,应打开浏览器,输入硬盘录像机的 IP 地址,登录后进入设置,查看硬盘状态。

（3）视频预览卡顿或无信号,但单独打开时正常

多画面预览时建议选择子码流,点开为主码流时如仍卡顿,建议将主码流码率降低,同样在浏览器中的设置页面修改。

（4）大屏上有一块闪烁、无信号、不稳定

检查无信号大屏到解码器的视频线连接是否牢固,建议与另一根 HDMI 线对换测试,以便确定是否是视频线的原因。

（5）无法对摄像头云台控制

首先检查摄像头是否为球机,其次检查是否有异物导致无法控制。

（6）视频信号时有时无

检查网线指示灯状态,如果网线已插好指示灯还是时亮时灭,建议重新压水晶头;检查网络结构,是否组成环网,把组成环的网线去掉;检查电源供电回路是否过长,导致电压低,引起异常。

2. 视频监视主机画面异常故障

1）视频监视主机显示器的画面不清晰或无图像。这种现象通常是因交流电干扰或网线压接不良造成的。有时由于摄像机或矩阵切换器等控制主机的电源性能不良、局部损坏、系统接地、设备接地等问题,也会出现这种故障现象。因此,在分析这类故障现象时,首先要分清产生故障的原因。首先在控制主机上,就近只接入一台电源没有问题的摄像机输出信号,如果在显示器上没有出现上述的干扰现象,则说明控制主机无问题;其次用一台便携式显示器就近接在前端摄像机的输出端,并逐个检查每台摄像机,如有干扰信号,则进行处理,如无,则干扰是由地环路等其他原因造成的。

2）视频监视主机显示器的画面卡顿,主要原因如下。

（1）网络带宽不足,不能支持站内摄像头同时实时传输。网线屏蔽层性能差,工频干扰导致网络通信不正常。

（2）由于供电系统的电源不"洁净"而引起的。这里所指的电源不"洁净",是指在正常的电源（50 Hz 的正弦波）上叠加有干扰信号。而这种电源上的干扰信号,多来自本电网中可控硅设备,特别是大电流、高电压的可控硅设备,对电网的污染非常严重,易导致同一电网中的电源不"洁净"。如本电网中有大功率可控硅调频调速装置、可控硅整流装置、可控硅交直流变换装置等,均会对电源产生污染,如果存在上述现象,应在整个系统采用净化电源或在线式 UPS 供电等方式来解决。

（3）系统附近有很强的干扰源。可以通过调查加以判断,如果存在,则加强摄像机的屏蔽,并对视频电缆线的管道进行接地处理等。

第三节　自动化系统故障预防措施

一、工控机故障预防措施

（一）日常检查保养

(1) 显示屏设备状态信号与实际是否相符，每 4 h 进行一次检查核实。
(2) 设备运行数据与现场显示是否一致，每 4 h 进行一次检查对比。
(3) "报警栏"是否有异常记录，每 1 h 检查一次或者界面上出现红色报警框时，即时进行检查、巡视。
(4) 显示屏数据更新观察，以及主、副机数据显示同步性观察，每 10 min 进行一次仔细观察。
(5) 显示屏界面显示各菜单栏翻动观察每 8 h 进行一次。
(6) 运行设备数据监察（水位、流量、转速、温度、振动、电流、电压和硫化氢气体浓度等），至少每 10 min 观察一次。
(7) 历史报表数据记录情况，每天检查一次（注意避开报表数据生成时间）。
(8) 工控机（上位机）外表清洁，每周一次（注意保护显示器屏幕）。
(9) 工控机（上位机）工作状况，每交接班时检查一次。
(10) 工控机各端口连接（电源、键盘、鼠标、显示器、Ginus 网端口和各输出端口等），每交接班时检查一次。
(11) 打印机工作状况，每天检查一次。
(12) 计算机病毒预防性检查和清除，每周一次，严禁外来软盘插入工控机。

（二）定期检查保养

(1) 过滤网清洁，每月一次。
(2) 防病毒软件升级，每月一次。
(3) 整机保养，每季一次。
(4) 主副机工作，每季轮换一次。
(5) 数据库运行数据每半年刻录备份一次，并整理数据库。

（三）保养内容

(1) 内部灰尘、油污清除。
(2) 文件整理。
(3) 其他工作软件功能测试。
(4) 固定螺丝检查拧紧。

二、就地控制柜（PLC 柜）故障预防措施

（一）日常检查保养

(1) PLC 运行状况检查，每 4 h 一次，确认以下项目。
① PWR 电源正常绿色灯亮。

② OK 运行正常绿色灯亮。
③ RUN 运行模式绿色灯亮。
(2) 柜面外表清洁,每天一次。
(3) 供电及网络检查,每天一次。
(4) 检查输入、输出继电器工作状况,每季度一次。
(5) 急停开关位置检查,每班一次。
(6) 上下游水尺示数,与上位机检查比较,每天一次。
(7) 检查电源柜各电源控制开关的工作状态,导线连接是否有发热和氧化现象,每班一次。

(二)定期检查保养

(1) 每月一次进行就地控制柜内部灰尘清除;可用不脱毛的绝缘毛刷和干软布轻轻刷、擦,不要影响设备运行(不要用化纤织物,以防静电)。
(2) 每年两次进行就地控制柜连接线端检查,逐个检查线端连接情况,用绝缘柄螺丝刀拧紧螺丝。
(3) 每周一次进行就地控制柜 PLC 工作指示灯显示状态记录,比较分析与上次记录的差异,寻找状态显示不同的原因。
(4) 每半年一次进行就地 PLC 相互冗余功能的检查。

三、视频系统故障预防措施

(一)日常检查保养

1. 每 4 h 一次检查摄像机图像显示是否正常。
2. 每天一次检查交换机、光纤收发器等指示灯的状态,正常是一常亮一闪烁,光纤灯为常亮。
3. 每天一次检查硬盘录像机、解码拼控器是否有报警提示音或报警灯指示。
4. 每天一次检查视频分析服务器;每年进行一次视频分析测试。

(二)定期检查保养

1. 摄像机:每月清理灰尘,擦拭镜头,活动摄像机控制测试。
2. 交换机、光纤收发器等:每月清理灰尘;检查网线指示灯的状态,正常是一常亮一闪烁,光纤灯为常亮。
3. 硬盘录像机、解码拼控器:每月清理灰尘;检查是否有报警提示音或报警灯指示。
4. 视频分析服务器:每年进行一次视频分析测试。
5. 每月检查所有摄像机画面显示是否正确。
6. 每月检查视频画面刷新时间应小于 2 s。
7. 每月测试监视软件已用功能是否运行正常。

四、LCU 柜(现地控制柜)故障预防措施

(一)日常检查保养

(1) 柜面指示灯检查,检查柜面指示灯是否全亮,并及时更换坏灯泡,观察指示灯显示状态是否与实际相符,与上位机核对是否一致(每 4 h 检查一次)。
(2) 观察柜面是否有报警信号灯亮,如有则迅速查明故障部位,及时解决或采取应急措施(每 4 h 检查一次)。如有报警声响,应及时观察和处理。

(3) 观察叶调、励磁柜面触摸展示屏前显示值与实际是否相符,与上位机显示值比较是否一致(每4 h一次)。

(4) 观察运行机组的电压、电流显示值、电压6kV(+10%、-5%);电流小于电动机额定值,与上位机核对是否一致(每4 h检查一次)。

(5) 观察PLC工作情况(每4 h一次)。

观察内容:

① PWR电源正常绿色灯亮;

② OK运行正常绿色灯亮;

③ RUN运行模式绿色灯亮。

(6) 检查各电源开关都在正常位置,如有异常须查明原因,尽可能使其恢复正常(每4 h一次)。

(7) 检查各变送器是否工作正常,指示灯亮,如有异常须查明原因,尽可能使其恢复正常(每4 h一次)。

(8) 检查输入、输出继电器和接触器工作是否正常,如有异常须查明原因,尽可能使其恢复正常(每4 h一次)。

(9) 检查示流计显示是否正常,并与上位机显示值核对是否一致(每4 h一次)。

(10) 观察UPS不间断电源工作情况,是否正常工作绿色指示灯亮(每4 h观察一次)。

(11) 红色急停开关检查,应在机组停机时开关试验位进行测试(每班一次)。

(12) 柜面外表清洁工作(每天一次)。

(二) 定期检查保养

(1) 柜内灰尘清扫工作(每月一次)。清扫时不能影响设备的正常工作。

(2) 接线端、各部件连接状况检查(每月一次),配合清扫工作同时进行。

(3) 机侧单独开启主机冷却风机,检查与柜面指示是否一致,检查风量、工作电流是否正常(每季度一次)。

(4) 机侧单独开启主机冷却水系统,检查电磁阀工作是否正常,检查流量压力是否正常,接触器工作情况是否良好(每季度一次)。

(5) 机侧检查真空破坏阀开关工作情况(每半年一次)。

(6) 检查UPS输入输出电源电压是否正常,电池组情况是否良好。

(7) 控制柜基本PLC工作指示灯显示状态记录,比较分析与上次记录的差异,寻找状态显示不同的原因(每半年一次)。

(8) 检查输入、输出继电器工作情况(每半年一次),触点应无发黑、烧毛现象,线圈应无发热、变色现象。

(9) 导线、电缆绝缘老化检查(每半年一次),外表无龟裂、热化现象。

参考文献

［1］中华人民共和国水利部.2019年全国水利发展统计公报［R］.北京:中国水利水电出版社,2020.
［2］中华人民共和国住房和城乡建设部.GB50265—2022泵站设计标准［S］.北京:中国计划出版,2022.
［3］刘超.水泵及水泵站［M］.北京:中国水利水电出版社,2009.
［4］成立,刘超,颜红勤,等.泵站水流运动特性及水力性能［M］.北京:中国水利水电出版社,2016.
［5］王福军.水泵与水泵站［M］.第三版.北京:中国农业出版社,2021.
［6］严登丰.泵站工程［M］.北京:中国水利水电出版社,2005.
［7］南水北调东线江苏水源有限责任公司.南水北调泵站基础知识［M］.南京:河海大学出版社,2021.
［8］南水北调东线江苏水源有限责任公司.南水北调泵站专业知识［M］.南京:河海大学出版社,2021.
［9］南水北调东线江苏水源有限责任公司.南水北调泵站主机组设备检修［M］.南京:河海大学出版社,2021.
［10］南水北调东线江苏水源有限责任公司.南水北调泵站运行管理［M］.南京:河海大学出版社,2021.
［11］南水北调东线江苏水源有限责任公司.南水北调泵站辅机系统及金属结构设备检修［M］.南京:河海大学出版社,2021.
［12］杜刚海.大型泵站机组安装与检修［M］.北京:水利电力出版社,1995.
［13］许建中,李扬,李娜,等.大型泵站主水泵机组安装与检修［M］.北京:中国水利水电出版社,2020.
［14］葛强,付根生.泵站电气设备［M］.北京:现代教育出版社,2008.
［15］李端明,李娜,李尚红,等.大型泵站电气设备安装与检修［M］.北京:中国水利水电出版社,2021.
［16］潘咸昂.泵站辅机与自动化［M］.北京:中国水利水电出版社,1999.
［17］陆林广.高性能大型低扬程泵装置优化水力设计［M］.北京:中国水利水电出版社,2013.
［18］仇宝云.大中型水泵装置理论与关键技术［M］.北京:中国水利水电出版社,2005.
［19］沈日迈.江都排灌站［M］.第三版.北京:水利电力出版社,1986.
［20］关醒凡.大中型低扬程泵选型手册［M］.北京:机械工业出版社,2019.
［21］关醒凡.现代泵理论与设计［M］.北京:中国宇航出版社,2011.
［22］湖北省水利勘测设计院.大型电力排灌站［M］.北京:水利电力出版社,1984.
［23］许建中,肖若富.大中型灌排泵站节能运行技术研究［M］.北京:中国水利水电出版社,2017.
［24］王冬生,孙勇.大型卧式轴流泵检修与安装［M］.北京:中国水利水电出版社,2019.
［25］上海市城市排水市南运营有限公司第二污水管理所,上海市排水行业技师协会.大型泵站设备故障排除指南［M］.上海:上海交通大学出版社,2005.
［26］刘宁,汪易森,张纲.南水北调工程水泵模型同台测试［M］.北京:中国水利水电出版社,2006.
［27］张锐.南水北调泵站故障类型与诊断研究［D］.扬州:扬州大学,2021.

[28] 李松柏,孙涛,成立,等.大型立式轴流泵站典型故障调查分析[J].江苏水利,2022(03):36-40.
[29] 肖忠明,颜红勤,蒋红樱,等.双向流道泵站典型故障案例分析[J].江苏水利,2021(12):11-14.
[30] 施伟,蔡瑞民,李松柏,等.灯泡贯流泵典型故障诊断分析[J].江苏水利,2021(11):19-22+27.
[31] 魏强林,仇宝云,阚永庚,等.大型立式泵机组电机两种推力轴承比较[J].流体机械,2011,39(12):28-32.
[32] 陈君钫.弹性金属塑料瓦的应用和发展[J].东方电气评论,2001,15(3):152-155.
[33] 孙明权,仇宝云,阚永庚.大型立式水泵机组推力瓦性能分析及改进设计[J].排灌机械,2009,27(2):129-133+136.
[34] 黄良夏.大型泵站立式同步电动机推力瓦烧损原因及预防措施[J].水电站机电技术,2019,42(8):25-27.
[35] 仇宝云.大型立式泵机组制造、安装质量对电机推力轴承运行的影响[J].大电机技术,1999(5):4-8.
[36] 仇宝云.泵站电机巴氏合金推力瓦烧损分析[J].扬州大学学报(自然科学版),2000,3(1):62-65.
[37] 杨兴丽,阚永庚,何小军.江都三站主水泵导轴承润滑水系统技术改造[J].时代农机,2019(3):63-64+68.
[38] 魏强林,黄海田,仇宝云.P23酚醛塑料在大型立式水泵导轴承上的应用[J].水泵技术,1999(2):26-28+39.
[39] 仇宝云,魏强林,林海江,等.大型水泵导轴承应用研究[J].流体机械,2006,34(11):12-15+56.
[40] 雍成林,黄海田.水润滑弹性金属塑料轴承在大型水泵中的应用探讨[J].水泵技术,2014(2):35-37.
[41] 王优强,李鸿琦,佟景伟.水润滑橡胶轴承[J].轴承,2002(10):41-43+47.
[42] 王优强,李鸿琦.水润滑赛龙轴承及其润滑性能综述[J].润滑与密封,2003(1):101-104.
[43] 林海江,仇宝云,汤正军.大中型水泵导轴承材料比较选用研究[J].水泵技术,2005(6):22-26.
[44] 黄从兵.江都四站水泵油润滑导轴承及其密封装置的设计[J].装备制造技术,2012(10):34-37.
[45] 林海江.大型水泵导轴承润滑与密封研究[D].扬州:扬州大学,2006.
[46] 仇宝云,杨益洲,严天序,等.大型低扬程水泵机组主要失效模式及其判别标准[J].流体机械,2015,43(11):51-56.
[47] 姜伟,曹海红,仇宝云,等.大型水泵机组故障特点与原因分析[J].流体机械,2009,37(6):39-43.
[48] 仇宝云,王彤俊,魏强林,等.大型泵站常见故障分析[J].排灌机械,1999(2):20-24+65.
[49] 郑建锋.卧轴混流式水轮发电机组轴瓦温度偏高的原因分析及处理[J].华电技术,2015,37(1):34-36+39.
[50] 叶渊杰,陈坚,徐艳茹.我国大泵叶片调节机构应用与研究综述[J].中国农村水利水电,2009(8):153-156.
[51] 马晓忠,沙新建,刘刚.大型立式轴流泵叶片调节方式比较[J].排灌机械,2003(5):11-14.
[52] 吴开明.轴流泵机械式叶片全调节机构特性分析及其应用研究[D].扬州:扬州大学,2017.
[53] 黄海田,钱福军,魏强林.某泵站机械式叶片调节机构设计缺陷及改进[J].水泵技术,2006(6):43-45.
[54] 魏军,卜舸,马志华,等.南水北调工程宝应泵站叶片调节方式的选择[J].排灌机械,2006,24(4):14-17.
[55] 朱建军,仇天林,夏炎.对江都一站机械全调节机构结构故障的处理分析[J].排灌机械,2000,18(6):29-31.
[56] 雍成林,朱承明,阚永庚,等.水泵叶片液压调节受油器结构形式的探讨[J].南水北调与水利科技,2010,8(5):162-166.

[57] 李二平.刘老涧泵站水泵机械式叶调机构改进[J].排灌机械,2000,8(1):30-31.
[58] 张仁英.高压电机绝缘监测装置及其应用[J].中国农村水利水电,2003(9):60-62.
[59] 周元斌,张前进,叶奎成.抽水泵站真空断路器的操作过电压及其防护措施[J].电气应用,2005,24(2):22.
[60] 杨新党,刘吴越.高压断路器在排涝泵站中的应用[J].机电信息,2014(36):46-47.
[61] 黄世超.封闭母线电压互感器高压熔断器故障分析及处理[J].电工电气,2020(1):70-71.
[62] 吴玮,王光辉,杨伟强.白山水电站高压熔断器故障分析及处理[J].东北电力技术,2014,35(1):23-25.
[63] 赵文斌.关于泵站高压无功补偿装置熔断器故障原因分析[J].内蒙古水利,2016(2):73-74.
[64] 任庆旺.南水北调工程台儿庄泵站设备保护误动作案例分析[D].扬州:扬州大学,2020.
[65] 严文群.变压器内部金属部件之间接触不良引起的过热故障诊断及处理[J].高压电器,2010,46(11):103-106.
[66] 吴明祥,欧阳本红,李文杰.交联电缆常见故障及原因分析[J].中国电力,2013,46(5):66-70.
[67] 邱志斌,阮江军,黄道春,等.高压隔离开关机械故障分析及诊断技术综述[J].高压电器,2015,51(8):171-179.
[68] 刘天哲.电容器无功补偿装置的配置、安装和故障处理[J].电力电容器,2006(3):1-2+5.
[69] 林圣,牟大林,刘磊,等.基于特征谐波阻抗比值的HVDC直流滤波器高压电容器接地故障保护方案[J].中国电机工程学报,2019,39(22):6617-6626.
[70] 陆建江,张文献.中文文本分类器的设计[J].计算机工程与应用,2002,38(15):49-51.
[71] 董作见.油缸内泄的原因以及判断方法[J].工业设计,2011(6):141.
[72] 齐正龙.液压启闭机闸门下滑量大的原因分析及处理措施[J].液压与气动,2002(5):42-44.
[73] 贾军利,栗金钊,胡继民.液压启闭机常见故障分析[J].南水北调与水利科技,2013,11(Z1):177-178.
[74] 蒋晨.液压启闭机闸门故障分析及技术改进方案研究[J].山西科技,2019,34(3):140-142.
[75] 李亮.双吊点液压启闭机同步控制应用[J].山西水利科技,2014(3):48-49.
[76] 冯江虹.中小型水电站水力机组辅助设备设计探讨[J].山西水利,2013(8):31-32.
[77] 张雷.浅谈泵站辅助设备与自动化[J].黑龙江科技信息,2009(15):24.
[78] 苏剑.水电站机组辅助设备设计探讨[J].科技资讯,2015,13(7):32.
[79] 韩飞.橡胶坝充排水系统常见故障分析与维护措施探讨[J].中国水能及电气化,2021(9):12-14.
[80] 孙国强.给水泵汽轮机油系统故障原因分析及改进措施[J].华电技术,2018,40(11):45-47+51.
[81] 杨成,于永海,周永伟,等.离心泵出口液控阀门的故障监测方法研究[J].中国农村水利水电,2022(8):145-149.
[82] 李小婷,张文明.水利泵站中清污机的技术研究与应用[J].科技创新与应用,2017(17):193.
[83] 陈佛生,冯奋.水利水电工程清污机的发展现状与思考[J].甘肃水利水电技术,2021,57(7):39-43+47.
[84] 刘宗柏,吕鸿翔,杨克坤,等.南水北调台儿庄泵站清污机技术改造方案比选[J].海河水利,2020(4):26-27+42.
[85] 张明,王立健,任泽俭.浅析南水北调东线大屯水库清污设施改造方案[J].中国新技术新产品,2020(8):103-104.
[86] 黄程.基于PLC自控式清污机改造与实践的思考[J].水电站机电技术,2019,42(3):82-84+93.
[87] 吕晓波,蒋雯,钱杭,等.泗阳第二抽水站清污机改造方案优化[J].中国水运(下半月),2019,19(4):111-113.